下班當老闆

Susie Moore
蘇西·摩爾——著
謝慈——譯

15個步驟教你賺更多，
打造財富自由、時間自由的理想生活

各界推薦

只要具備好奇心、肯冒險、有勇氣實現夢想的人，都有機會擁有斜槓人生。斜槓人生必須從自己的動力出發，了解自己的興趣和專業，找到機會，大膽嘗試，不斷地修正就有可能打造自己的財富自由和自在生活。

在社群網路年代，所有微型創業都增加了可能性與容易度，萬事起頭難，只要跨出了第一步，就有可能成功，就算不成功也得到成長。本書提供了15個步驟，為什麼不試一試？

——丁菱娟／世紀奧美公關創辦人

未來人生必須多元與多源，當不斷出現的新潮流與發明迅速改變人類生活的時候，未來勢必有許多工作將會被取代而消失，所以大家必須挖掘出在現有職涯之外的興趣與專長，用閒暇時間發展第二、甚至第三職涯，一則增加額外收入，二則避免固守單一工作的風險。作者蘇西・摩爾提出了許多具體可行的方法，協助讀者找出自己的利基與潛在客戶，讓興趣落實成事業。

——施昇輝／暢銷理財作家

我一直認為工作有三種，一是社會需要的，二是自己喜愛的，三是自己擅長的，無論缺了哪一種，都會讓工作的挑戰與痛苦增加。我從大學畢業那年走上了很不一樣的路，創業、寫作、教書，所有的起點都來自於我發覺了自己的熱情，拚命用努力把熱情變專業，而專業最終慢慢創造社會需求，讓我可以盡力三者兼顧，也開始把相關專業延伸到其他領域。

作者蘇西．摩爾用解構的方式，描述被工作綁架的人，如何一步步找到逃脫出來的技巧與心法，從面對恐懼到一連串的自我反思，是給期待工作還有更多可能性的人，很適合花些時間閱讀思考的書。

——張希慈／城市浪人執行長

「要記得，現代歷史中最成功的人，都在年輕時就成為企業家。」

——勵志大師傑克・坎菲爾（Jack Canfield）

「在成功如此一蹴可幾的世界，你怎能安於平庸的現狀？」

——創業家作家賽斯・高汀（Seth Godin）

「你的熱情是什麼？有什麼能鼓舞你的靈魂，讓你體認自己來到這個世界上的原因？請謹記：無論是什麼，你都能以此為生，也為他人付出貢獻。我保證。」

——作家偉恩・戴爾博士（Dr. Wayne W. Dyer）

目錄

1／你還在等什麼？

「你過的不是生涯，而是人生。」

——雪兒・史翠德（Cheryl Strayed）

「快樂是你發揮潛能時所感受到的喜悅。」

——尚恩・艾科爾（Shawn Achor）

某天早上工作時，我感到坐立難安，心裡想著：就這樣了嗎？

我當時是矽谷某個新創公司在紐約辦公室的銷售經理，公司才剛被一間財富五百（Fortune 500）的企業併購。我坐在冷得要命的辦公室裡，頭頂是日光燈不自然的光線，一邊進行電話會議，一邊滑著Pinterest[1]網站。我看著窗外美麗的藍天，嘆了口氣。接著，有一篇貼文打進我的心裡，是詩人瑪莉・奧利佛（Mary Oliver）的詩句〈夏日〉：

1 網路平台，使用者可以依照主題分享圖片、相片。

「告訴我，你想要做什麼，
在瘋狂而珍貴，僅此一次的人生中。」

我的靈魂高喊著：絕對不只是現在這樣！是改變的時候了，於是我開始發展副業。

你也有類似的經驗嗎？或許你坐在開著空調的會議室，困在乏味的內部會議裡，而自以為是的上司就是喜歡這樣消耗你寶貴的一個小時。也或許現在是早上八點四十五分，你在等那杯不怎麼樣的咖啡，苦撐著期盼星期五下午五點快點來（說真的，時間怎麼能過得這麼慢）。無論決定性的時刻是何時，發生了你就會知道。

許多人就像科技公司創業者尚恩．伯爾（Sean Behr）一樣，因為對既有的工作不滿，於是展開副業。尚恩如此形容他創立STRATIM公司前的日子：「我完全沒有做任何創新的事。但身為企業家，我一直想要創造新的想法、新的產品、新的公司。」

以我自己的例子來說，我從事銷售超過十年（喜歡大部分的工作內容），覺得是時候開始追求新事物了。人類會本能地追求新的挑戰和經驗，我不是唯一這麼想的人，根據２０１２年蓋洛普公司（Gallup）的調查，全世界只有13％的員工全心投入工作。

我讀過超過五百五十本自我發展的書籍，總是能自然地給身邊的人建議，幫助他們找到目標、建立信心、協商談判和發展人際關係。因此，成長顧問（life coach）自然就成為我副業的首選。

我參加紐約大學的相關課程計畫，並運用銷售技巧向各方編輯推銷各類文章，也希望能出版自己的著作，吸引更多客戶。如果你發現自己感興趣的領域不需要證照或資格，那麼就放手去做吧。

以我的例子來說，生涯發展建議方面的文章帶給我許多客戶。幾個月內，我就可以靠著寫作和顧問工作賺錢。很難相信我的運氣這麼好啊！竟然有人付我錢和別人說話、提供人生的建議。天啊！為《美麗佳人》雜誌撰稿時，我甚至能訪問很多不可思議的人物，像是雅莉安娜・哈芬登（Arianna Huffington）[2]、克莉絲・詹娜（Kris Jenner）[3]和Spanx[4]公司的創始者莎拉・布蕾克莉（Sara Blakely）。

寫作方面，我的一篇文章值75到750美元（有支付稿費的出版品），而我每個月寫好幾篇。每一篇文章大約花兩到三個小時完成，而我隨時都在打字：地鐵上、超市隊伍中、辦公室的午餐休息時間。每個月刊登在主流報章雜誌的作品為我吸引上千萬讀者，不只提升了我的名聲和可信度，也讓我部落格的流量增加，電子報的訂閱者也隨之而來，而他們可能會進一步尋求我的建議或諮詢。

上了一兩星期的課以後，我開始顧問工作，每個時段100美元。隨著需求增加（大部分歸功於社群網站的分享），以及諮詢技巧進步，我每三個月可以調漲收費50美元。白天的正式工作常需要旅行或加班應酬，但有好幾個月我的副業收入可以到達4000美元，意味著我每週額外工作了十二到十六個小時。根據尼爾森公司調查，三十五到四十九歲的美國人平均每週看超過三十三小時電視，你自己算算看吧！

每週多出來的好幾個小時該怎麼運用？想一下吧，如果犧牲一些看電視的時間，或是減少其他沒有生產力的習慣，在追求健康或人生理想上能有多少進步？利用那些時間發展副業，增加收入，又對人生有多少幫助？

副業的好處說不盡，除了額外的收入，發揮朝九晚五工作用不到的才華，並且在充滿不確定的經濟中多一分保障。在擁有一份正職時創業，能讓你更有保障地驗證想法，嘗試副業的可行性。這代表你可以在全心全力投入之前，先確認自己的產品或服務是否有市場需求。

然而，創立副業的過程並非總是輕鬆如意。你需要結合創意思考和努力，才能吸引第一批顧客，建立自己的品牌。除此之外，現金流的管理也很重要。當然還有處理各種行政業務（例如適當地外包），以及設法提升效率，讓

2 哈芬登郵報的創辦人、總裁兼總編輯。
3 美國電視名人、製作人、經理人、商人和名媛。
4 美國塑身內衣第一品牌。

你的副業發展出一定的規模。

你得全力以赴，放棄追《權力遊戲》影集，或是當第一個離開派對的人。你得克服自我懷疑，相信就算只是好玩的事，也一樣值得收費。「不」將會成為你最喜歡的字眼。

但其中的收穫很不可思議。我一邊工作，一邊快速拓展副業，僅僅十八個月之後就辭掉正職。這可是件大事，畢竟在那一年，正職為我帶來五十萬美元左右的收入；由此可證，我對於成長顧問一職充滿熱忱，也相信這項副業的發展性。

其他人覺得我瘋了嗎？那當然，連我自己也這麼覺得。不過長遠看來，風險似乎也沒那麼駭人。這麼想吧：就業市場其實沒什麼保障，我就像任何人一樣，隨時可能會被開除（而且只基於老闆一個人的決定）。

比起工作規劃表，我更珍惜自由，想做自己在乎的事，突破收入的玻璃天花板（特別是身為女性，我覺得自己已遭遇瓶頸），因此，我願意承擔放棄固定收入的風險。畢竟，我可以拋下陰晴不定的上司，還有逐漸厭惡的工作所帶來的壓力。我在貧窮的家庭中成長，因此很看重錢，不會輕易冒經濟上的風險。所以你不妨思考一下，自己是否把風險看得太重了？要如何轉換想法呢？

為了幫助你轉念，在每一章的最後，會有一段「輪到你了！」的部分，協助你運用我討論到的原則，就當作是功課吧，希望這能在閱讀過程中激勵你。我也融入許多強人企業家和副業創業成功者的建議，希望你喜歡，也能學到很多。

我猜你和我一樣，希望自由生活，有自己的一番事業。我們每個人都想要做自己喜歡的事，用自己的方式對世界帶來有意義的影響。所以接下來的章節，我會鼓勵你邁進一大步，相信自己，檢視躑躅不前的原因，希望你勇敢站上打擊區，擊出全壘打。

給各地發展副業的人，你並不孤單，我將交給你一張地圖，告訴你如何前進未知的領域，發揮你的熱情，用自己的雙手掌握住成功。

OVER to YOU

輪到你了！

當你被困在會議中、面對企業的繁文縟節和工作的重重壓力，你想到的逃生出口是什麼呢？寫下你的個人優勢和夢想的職業，你理想的副業會是什麼呢？問問自己下面的問題吧：

- 我可以幫人們解決什麼問題？
- 做什麼會讓我充滿活力生機？
- 如果錢不是重點，那我會做什麼？

如果你需要一點幫忙，就問問親人或朋友你擅長什麼，或是曾經在哪方面幫助過他們。放開心胸，接受他們的回饋。答案或許會令你驚訝（或是開心），而思考過後，或許新的道路就會浮現。

2

克服恐懼（這是有可能的）

「恐懼抹殺的夢想遠勝於失敗。」

——蘇西・卡薩姆（Suzy Kassem），作家、詩人、哲學家

「懷疑是對信念的背叛，讓我們害怕嘗試，失去可能的收穫。」

——摘自威廉・莎士比亞《一報還一報》

「蘇西，總經理找你。」我的心跳漏了一拍，想著：就是這個，我要升官了！

我踏入職場時很年輕、天真，而且野心勃勃（或許還有一點自大）。我以初階助理的身分進入公司，急切地想往銷售方向發展。大部分的時間都花在銷售團隊裡，聽他們的指令，幫助應付客戶，一有機會就推銷自己。他們一定會注意到我的好表現，我總是自信地這樣想著，卻忽略了分內的工作：資料輸入。

因此，當大老闆要見我時，我做了完善的準備，擦上一點唇膏，昂首闊步

地走上樓，準備優雅接受拔擢。對了，我還準備要求製作名片（在我心中，名片代表著事業有成）。

然而，當我一屁股坐下時，老闆的話狠狠打在我臉上：「蘇西，我們要請你走人，這樣下去不是辦法。」我全身顫抖，停止呼吸，心臟不斷下沉，什麼？

我才二十出頭，沒有什麼錢，在澳洲無依無靠（我的家人都在故鄉英國），但在這樣的時刻，我找到內在的力量。如果願意傾聽，內心的指引就會指出方向，讓我們不致迷失。我必須勇敢踏出一步，再次站起來，走出去，重新來過。立刻。

我多希望能回到那個下午，告訴那個傷心害怕的女孩，一切都會沒事的——甚至會比沒事更好。

才二十三歲就阮囊羞澀地隻身在異鄉闖蕩，如今又失去工作，我心中的恐懼是想像出來的嗎？當然不是！我嚇壞了。恐懼是真實的，一向都是。面對改變的恐懼是我們想在生命中做出改變時的最大阻礙。

恐懼這個主題幾乎出現在我每一篇部落格文章裡，我大概還可以再寫三百本書討論吧。然而我的目標從不是消滅恐懼，恐懼會以上百萬種醜陋的方式展現，例如找藉口、拖延，或是現實的態度：我當然想當攝影師，但是那賺不了錢。恐懼也會帶來困惑和無知：我不知道人生的目的是什麼。

身為成長顧問，我發現要釐清人們真正的渴望，最困難的是讓他們大聲說出自己真正想要的是什麼。不是對我說，而是對他們自己。夢想一旦說出口，就會有某種力量，很多夢想之所以埋沒，就是因為我們沒有宣告的勇氣。宣告以後，夢想就會變得真實，讓我們感到恐懼，因為知道自己需要做什麼了。

或許一開始很難接受，但我們若對事物有所恐懼，通常是因為那很重要。一旦發現某些事對我們的存在至關緊要，我們就會感到害怕。

我有個歌聲美妙的朋友，暗中夢想成為歌星，對外卻表現出一笑置之的模樣，不當一回事。她把這個夢想埋藏在內心深處，只有在幾杯葡萄酒下肚以後，才會偶爾說出來。

為什麼？因為她害怕體認到夢想以後，必須付出多少代價。假如她真的大聲說出：我是歌手，我想要唱歌，希望人們聽到我的聲音，接下來又該怎麼做呢？而相較之下，假裝夢想不存在要簡單、省事多了。

然而，我們若了解恐懼，就不用再受其擺佈。讓我們來看看恐懼是什麼吧！

根據丹・貝克博士（Dan Baker）和卡梅隆・史達特（Cameron Stauth）合著的《快樂者都知道的秘密》（What Happy People Know），除了保護你不做危險的事（像是搭陌生人的便車）之外，我們的恐懼只分成兩種。沒錯，就只有兩種！

所有的恐懼都出於下列兩種迷思：

1. 我不夠好。

2. 我擁有的不夠多。

在山頂洞人的時代，上述的恐懼很真實，因為恐懼成真的後果就是死亡。如果你不夠健康強壯，部落為了存續，就很可能捨棄你。如果你擁有的不夠多，沒有每天採集食物，沒有遮風避雨和保暖的方法，就會衰弱死亡。

如今呢？

現代社會中，「夠好」代表著受教育、人際關係良好、有魅力、聰明、好看、苗條、風趣……說也說不完，尤其是你存心與同儕比較時。

而我們對「夠多」的定義，是擁有幾乎與成功畫上等號的奢侈品，像是豪宅、名車、名牌服飾等。有時候為了不輸面子，我們甚至會花費超出自己能力的金錢，買根本不需要的物品。

人類的演化在這方面並沒有與時俱進。環境早已今非昔比，但我們本能的兩種恐懼卻持續著。如果我們仔細觀察生命中大大小小的恐懼，就會發現它們都屬於兩者之一。

下面是一些我不夠好的例子：

- 「我不能向某人告白，因為她／他絕對不會喜歡我！」
- 「我不能要求加薪，畢竟我的表現也算不上完美。」
- 「我有什麼資格創業？」
- 「我沒辦法寫部落格，也沒有人會想看。」
- 「我不想參加派對，因為不擅長認識新朋友。」

聽起來很耳熟吧？那這些呢？

- 「錢很難賺。」
- 「約翰的家境比我好，要介紹我父母給他認識真的很難為情。」
- 「寧可做自己熟悉的工作，也不要冒險追求興趣然後破產。」
- 「湯姆錢賺得比我多很多，而且用的東西都很高檔，我覺得自己不如他。」
- 「我不想買這雙鞋／這台筆電／加入健身房。我討厭花錢。」

這些都是我擁有的不夠的例子。不是每個人都會因此感到害怕。或許你比較內向，不愛參加派對；或許你寧願存錢去度假、付房子的頭期款，而不是花錢買衣服。但只有你自己知道這些說法或想法背後真正的動機。如果你內心深處知道自己為什麼不去做看來正確的事，那很好；若不是，而你也因為這些決定感到不安、自卑、不滿足，那麼你便是受到恐懼的掌控了。

對我想當歌手的朋友來說，恐懼令她感到無力而不滿足。為了避免變得容易受到傷害，又得付出努力，她寧願按兵不動，不願付出真實的努力，運用真實的才華，嘗試獲得真實喜悅的可能性。然而，就像我的好友暢銷作家詹姆士·阿特切（James Altucher）說的：「拒絕與害怕被拒絕是讓我們無法選擇自己的最大障礙。」我的朋友就像大多數人一樣，不願意嘗試拒絕或被拒絕（或是相反的，成功）的可能性。

在某些例子裡，人們則會因為錯誤的理由做事。他們受到外界意見的刺激，為了追求他人的認同而做所謂「應該的事」。手機應用程式NatureMapr的執行長亞倫・克勞森（Aaron Clausen）是我的客戶，從過去的錯誤中有了以下的體悟：

我試著找到市場的斷層或機會，建立自己的事業，卻嘗到不少苦頭。我發現根本沒有人在意我做的事，也很難引起別人的興趣，獲得幫助。簡單來說，我努力的理由錯了，我創業的目的是「為了成功」。我埋頭苦幹了四年，這輩子沒有這麼辛苦過，最後卻是靠著把事業轉手給比較大尾的角色，才僥倖脫身。

關於 NatureMapr 最有趣的部分是，當我承受了事業和生意上的種種壓力，生涯跌入谷底時，我開始騎登山車、在山林裡健行、在戶外漫步。這讓我逃離壓力，可以冥想讓自己冷靜下來。當我熱愛自己做的事，這樣的心境反而讓我找到下一個事業。我並沒有任何勉強，事情就自然而然地發生了。不要勉強自己，做自己所愛的事吧！

我們很少這樣的自省，只想要融入主流，希望其他人喜歡、尊敬我們。我們的自尊心建立在其他人的價值觀上，即便那不是自己真正想要的。我們害怕與眾不同，但有趣的是，正是與眾不同之處讓我們變得有趣、美麗、引人矚目，能對世界帶來獨一無二的貢獻。

想想你喜歡的歌手、作家、演員、企業家，或是任何激勵你的人，我敢打賭他們一定和大眾格格不入，或被形容為不落窠臼。看看瑪丹娜、史帝夫·賈伯斯、演員艾咪·舒曼（Amy Schumer）或歌手大衛·鮑伊，無論你對他們看法如何，不可否認他們與眾不同。

生涯規劃網站謬思（The Muse）的共同創辦人亞莉克斯（Alex Cavalacous）與我分享成功的法則時，也提到類似的想法，答案其實很簡單：做自己就好。我前面提到的好友阿特切也體悟到，人們必須按照自己的節奏前進。他和我分享的觀點或許也能對你有所激勵：

從很年輕的時候，我就被教導要遵守社會規範。這些規範通常立意良善：在停車號誌前停車，才不會傷到別人；接受教育，才能找到工作；買自己的房子，才能落地生根，建立價值，你的孩子也才有地方玩耍。

我們的父母、師長、老闆，甚至是朋友，總是會告訴我們什麼才是好的。

而斥資上兆的行銷市場也會告訴我們什麼是好的：價值十五兆的房貸市場、上兆元的學貸市場（學習是好事！），以及好幾兆元流動的經濟，得由勞工們盲目地輸入勞動力，推動發展。

這都無所謂，但我們不是巨大機器人裡的標準化零件。說到底，我們是獨一無二的人，有自己的人生要過，必須發展出自己的守則，創造健康、快樂和成功。

如果我們沒辦法建立讓自己快樂的守則，那又有誰會在乎我們？也許其他人會，但絕對不是基於我們的最大利益。當然不是說別人都會試圖傷害我們，但只有我們知道怎樣是對自己最好的。我們通常必須參考其他人的守則，經過一系列的嘗試與犯錯後，才會知道答案。

那麼，你的守則是什麼呢？該怎麼不再聽憑恐懼和批判的擺佈，不再讓別人告訴你該做什麼？該如何不顧忌別人的看法，做自己知道必須做的事？

OVER to YOU

輪到你了！

- 想兩個恐懼保護你不受傷害的例子，結果如何呢？你可以對這樣的恐懼心存感激。
- 想想看，你的人生中有沒有哪三次害怕做某件事，覺得自己還沒準備好，卻仍然鼓起勇氣撐過去了？這三次經驗帶給你什麼正面收穫呢？
- 想想看你目前最大的恐懼是什麼？是害怕受傷害，還是基於自尊（不夠好或不夠多）？如果是前者（害怕受到嚴重傷害），那麼你的恐懼是合理的，可以心懷感激。但如果只是為了保護自尊心，你可以對恐懼說：

謝了，但我要拿回主導權！

要如何將目前的恐懼轉換為學習、成長、發掘內在力量的機會呢？你內心的悸動代表著即將發生的好事，恐懼則告訴你下一步該怎麼做。畢竟，只要稍微轉念，恐懼和興奮其實沒有那麼不同。

在下一個章節，我們會討論克服恐懼的方法。現在就暫停一下，尊重感謝自己的恐懼，因為那是我們成長中必要而關鍵的部分。

想想你曾經對什麼樣的事情感到害怕（或許是發表演說、要求加薪、和朋友或親戚對質），在事件結束後，卻發現根本不需要這麼擔心？

事情是怎麼解決的？

你慶幸自己嘗試了嗎？

這是否告訴你，下一步可以怎麼做？

3／該如何克服恐懼？

「我們總認為恐懼珍貴且特別，但其實不然。我們珍貴且特別，恐懼則否。我希望人們都能脫離恐懼的道路，理由有許多，但最重要的是：恐懼會使生活沉悶，因為它只告訴我們停下來。相反的，創意、勇氣和靈感都驅策我們前進。」

——伊莉莎白．吉兒伯特，《享受吧！一個人的旅行》作者

「大部分的恐懼都來自不良的心智管理。」

——布蘭登．博查德，勵志作家

我的掌心冒汗，心跳加速，看著鏡子問自己：「為什麼你老是做些瘋狂事？」當然，我沒有要從懸崖跳下去，或是從事什麼違法勾當，而是準備要替《美麗佳人》雜誌訪問白手起家的億萬富翁，同時也是Spanx公司的創始者莎拉．布蕾克莉。

我一向認為《美麗佳人》是世界上最酷的出版品（從年輕還買不起的時候就這麼覺得）。我不是記者，沒有上過相關課程，甚至連大學都沒畢業；然

而，在投注了許多的時間、堅持和努力後，我成功爭取到機會，可以代表世界上最具公信力的出版品，訪問世界上極度成功的女性。我很緊張，坐立難安，卻還是撥了電話，開始專訪。有四十二分鐘的時間能和地球上絕頂聰明的生意人交流，進行得如何呢？

無可挑剔。我被她的言談深深吸引，感覺就像是老朋友一樣親近。事實上，莎拉不只完美、風趣、激勵人心而真誠，文章刊出以後相當受歡迎，也被她的團隊放在Spanx的首頁。她甚至送來一瓶香檳當作謝禮。

在不同的情境下，我也體驗過類似的恐懼：

- 找校長幫忙，希望改善接受免費午餐補助的學生受到的不公平待遇（我是其中之一），因為我們被迫要在其他人面前，給餐廳阿姨看相當顯眼的「我家真的很窮」標記，此舉簡直是羞辱人。
- 業務的生涯中，在紐約和華盛頓特區超過二十人的董事會前報告。
- 在澳洲受歡迎的電視節目上接受直播訪問，談論如何得到自己想要的。

- 在紐約市的餐廳看到好萊塢影星傑克・葛倫霍，決定上前自我介紹（他很親切迷人）。
- 在什麼人也不認識、沒有工作機會或工作證的情況下抵達紐約，心底明白自己得表現出大將之風才可能得到工作。
- 辭掉企業高薪的工作，計畫要拚出自己的一番事業。我有信心也願意付出努力，卻還是感到恐懼不安。
- 準備展開第二段婚姻時，我雖然知道是正確的抉擇，卻還是因為第一段的陰影而感到害怕。
- 我替《美麗佳人》訪問克莉絲・詹娜和凱莉・奧斯本（Kelly Osbourne）[5]。她們都很坦率，也出乎意料地酷。

我從中學到什麼呢？我們是自己生命的駕駛，而恐懼不是。無論花多少錢

5 英國電視節目主持人、時裝設計師、歌手和演員。

請心理治療師幫我們對抗，恐懼仍會一直存在，但它無法控制你，你是自己的主人。

生命和成長最美好的是，如果挺身面對挑戰，讓比恐懼更強烈的渴望成為動力，恐懼就會減少，因為除了退為微不足道的背景之外，它再也無處可去。我可以肯定地說，一旦採取行動，恐懼就會消失。當然，恐懼不會真的從生命中蒸發，但我傾向這麼想：如果生命中再沒有恐懼，人生在世就無事可做了，不是嗎？

還記得年少時對初戀的不安害怕嗎？我們也都曾經害怕離家、害怕第一天上學、第一天上班。即便如此，我們還是繼續前進。今日感受到的恐懼與昔日無異，只是面對的場面越來越大而已。

恐懼的本質是保護，還記得我們大腦裡討人厭的原始本能嗎？它想讓我們安全、逃避潛在的危機，但百分之九十九的時候，恐懼的出現卻毫無必要。

我們不需要被恐懼掌控，只要讓它指出方向就好。好友茉莉最近和我分享她的一段話：「雖然不公平，但我們總在挑戰了嚇破膽的事之後才得到勇氣，而不是事前；勇氣不是沒有恐懼，而是判斷出有什麼比害怕更重要。」

媒體公司mindbodygreen[6]的執行長傑森．瓦荷布（Jason Wachob）向我解釋他如何克服失敗的恐懼：「我曾經創業失敗，所以才知道那不是世界末日。我父親在我十九歲時心臟病發去世，年輕時就失去父母很痛苦，但你會撐過去。經歷那樣的悲傷之後，失敗或被拒絕似乎都沒什麼大不了。」

我們都聽過「相信自己」這樣的老生常談。有的時候很難做到，尤其是當我們充滿自我質疑時。因此，在實現自己的副業理想時，你可以想成「相信自己的努力」。你可能在某個工作了整天的星期四下午，回到家卻還得面對不滿的副業顧客（這很可能發生，但沒關係）。你會覺得沮喪、無力、難過，甚至問自己：我這是何苦？你會想放棄，乾脆上床睡覺或看電視看到兩眼發痠。但這都會過去，你很快就能在辦公室過快樂的一天，回去面對滿意的客戶，帳戶裡也有新的收入。在一個月內，這些難以想像的事就會發生。

6 媒體公司，提倡身、心、靈全方位的健康生活。

低落的時刻，問問自己，究竟什麼比較重要：追求夢想，或是因為一些不順利而放棄？尋找自己的天職，或是因為別人可能的批評而躑躅不前？

是時候讓夢想成真了。

我們今天能做些什麼，幫助自己在一個星期內突破副業的障礙？可能是寫一篇脫口秀笑話、建立夢想的美食部落格，也可能是列一張電子郵件清單，看看要向誰宣傳自己的婚友服務、個人品牌或成長顧問工作。

今天就踏出第一步吧！給自己兩個期限：二十四小時和七天，至少要朝創立副業踏出兩步。

「如果遇到問題，請不斷複述，

『一切都會沒事，會朝最好的方向發展，

所有的結果都是好的，我很安全。』

這段簡單的話會為你的生命帶來奇蹟。」

——露易絲．賀（Louise Hay）[7]

展開成長顧問和作家的副業前，我一直很憂鬱。但別誤會，我曾經深愛行銷的工作，也相當擅長，在廣告界結識了許多的朋友。這份工作讓我和丈夫過著舒適的生活、享受旅行、認識新朋友、接觸網路上創新有趣的商品，所以我心懷感激。

但我已經學會了行銷生涯中所有我感興趣的部分，而且也沒興趣擔任行銷部門的資深副總裁，或是到其他公司賣其他產品。我心知肚明，自己已經準備好放棄熟悉的一切，有時甚至可以感受到我的心因為看不到轉機而痛苦。哲學家詩人馬克・尼波（Mark Nepo）形容得很好，生命就是學習、精通和放棄的不斷循環。

我知道自己該學些新的東西了。在半調子地試著以面試訓練當副業一陣子以後，我決定要推自己一把，全心投入像樣一點的事業。我找到紐約一位成長顧問的網站，詢問她能否共進午餐，多了解一些相關的事，後來也與其他顧問進行交流。

7 心靈成長作家，著有《創造生命的奇蹟》。

我很享受這個過程，大大開了我的眼界：他們很看重自己的工作，甚至全職投入！他們能自由掌控自己的時間，而且整天都在幫助別人。於是一等到開放報名，我就進入紐約大學，展開成長顧問之路。

那時，我剛滿三十歲，用成長顧問的話來說，就是脫離成人新手期的年紀。而我的感受恰是如此，準備要展開真正的生活、發展真正的事業。我不希望十年過去，自己還是有著一樣的感覺（或是更糟）。當時我並未意識到，隨著歲月流逝，我的體重慢慢增加，酒也喝得越來越多。

你是否也感覺很熟悉？其實這些都是警訊，讓我們注意到必須做些改變。我們少了什麼？對於運動失去熱情（或是因為壓力太大而運動過度）？因為疲憊和退縮而拒絕別人的邀約（但不要搞混，為了照顧自己或保護重要的私人時間而婉拒沒有關係）？朋友可曾注意到你與幾年前不同，不再充滿生機和動力？

當副業順利發展，欣欣向榮，也開始獲利時，我重新感受到了對生命與一切的熱情，甚至再次享受起舊的行銷工作，因為它讓我能追尋真正的職志。我用嶄新而開導的眼光來看待客戶、同事、同儕，心情和身體都變得輕盈起來，並開始以成長顧問自稱，試著結合主業與副業的兩個領域。企業客戶和同僚都為我感到欣喜，說我看起來棒極了，這話不假，因為我自己也這麼覺得。

舉例來說，當發現四年來協助創業的公司被美國線上（AOL Inc.）[8]買下來，而《哈芬登郵報》也隸屬該公司旗下時，我選擇寄一封電子郵件給雅莉安娜・哈芬登！她不只非常親切友善，稱讚了我的寫作範本，更讓我成為他們平台的駐版作家。猜猜誰成了他們生活版最豐富多產的作家？我！或許很多人都是在那時第一次聽到我的名字，而我至今已經訪問過她兩次，她也數度在個人的社群網站上分享我的作品。

這告訴我們兩件事：

1. 你必須擁有人脈。在你的人際網路裡（或是周遭），有沒有誰的關係足

8 美國著名的網際網路公司。

以幫助你的事業發展？

2. 大人物比我們想像的更容易接觸。因為人們很少試著接近。我的「同事」雅莉安娜真的幫我建立了許多關係。如果你打開眼界，認真尋找，到處都有機會。誰有可能引導你？從事副業以後，你將進入正面、積極、充滿吸引力的狀態；然而，如果你態度悲觀封閉，就永遠無法掌握如此龐大的機會。

事實上，機會稍縱即逝。我芝加哥的一個客戶租了一間小工作室，投入許多時間創作藝術。這項副業讓她煥然一新，充滿活力。在蘇活酒館吃午餐時，她和陌生人攀談起來（她那天魅力十足，這是副業最美好的副作用），發現對方也是藝術家，而且經營一間生意興隆的藝廊。或許是命運使然，他們結為互惠的好友關係，情誼持續至今，她也準備在他的藝廊正式展出作品。真相是，越是「真心」投入副業，你就會有越多好運。如果她的週六早上都花在看Instagram上，一切都只會是遙不可及的夢想。事情之所以發生，通常是因為你開始相信自己。

所以，來仔細談談吧！我們都必須克服失敗的恐懼，而且越快越好。生涯規劃網站謬思的共同創辦人亞莉克斯是這麼說的：

我們當然害怕失敗，每天都得面對許多拒絕，至今仍是如此。讓事情不那麼難受的方法是，先想過最糟的情況：付出一切，再三嘗試，卻無法成功，反而欠了一屁股債，得去投靠親朋好友，最終意識到該喊停了。痛苦是當然的，但我們能夠恢復。如果情勢演變成那樣，我們就必須立刻接受第一份薪資合理的工作，開始還債，並決定下一步要怎麼做。這肯定不是我們想要的結果，但做好最壞的打算，我們才能確定冒這個風險是否值得。即便最糟的情況發生，也不會是世界末日。

下面大概是創立副業時，我們所能想像的最糟結果：

- 可能會在草創初期損失一些錢。

- 可能會改變想法。
- 告訴別人時，可能會被嘲笑。
- 不知道要做什麼，也不知道如何著手。
- 開始了之後卻選擇放棄。
- 賺不了半點錢。
- 你的公司或老闆並不支持。
- 發現熱情逐漸消失。
- 你其實不擅長這項副業。
- 別人說：「我早就警告過你了。」

或許最糟的情況是，你成功創業，辭去工作全職投入，卻不知怎的沒辦法有穩定的收入。但那又如何？大部分的時候，如果真的失敗了，你還是能找到一份工作，並重新評估副業選擇，特別是如果你的人際網絡保持活絡，這通常不是大問題。只要隨時與人保持聯繫，你的職涯幾乎不會有無法扭轉的劣勢。

好友尚恩告訴我：「美國的棒球比賽教我們如何面對失敗和拒絕。世界頂尖的棒球選手在打擊時仍會有七成的失敗率，失敗時卻不會沮喪太久，因為未來總會有下次打擊機會。我想，同樣的道理也可以應用在創業上。」

多棒的想法啊！要知道，有些人在失去工作時，並沒有副業可以依賴。就算如果離開原本的工作，嘗試副業失敗，我們仍然可以找下一份工作。追求副業會賦予我們力量，讓我們更有能力面對生命無法避免的挑戰，並且感到更加自由。我喜歡阿特切對於恐懼和自由的看法：

「我最渴望的是健康的生命：

- 對於熱愛的事物，不斷提升自己的競爭力。
- 對於朋友與摯愛，不斷增進彼此的連結。

所以總是朝著自由努力，沒有任何焦慮或壓力足以打倒我。而我可以做出對自己最好的決定，朝著那樣的方向努力。」

對於冒牌者症候群（Impostor Syndrome），我們要知道的事

展開追尋自由的旅程時，我們要小心「冒牌者症候群」。冒牌者症候群是恐懼的狡猾盟友，也是讓我們沒辦法創立副業、開始探索和賺錢的幕後黑手，一點一滴地抽乾我們的自信心。

它讓我們心虛，覺得配不上自己的成就，懷疑自己根本沒有資格發展事業。成功時，我們卻可能覺得自己欺騙了大眾，讓別人誤以為我們很有能力，但其實只是走狗屎運，或是天時地利而已。我們不願意接受自己的成就，反而覺得一切是場騙局，是冒牌者，甚至等著被揭穿，暴露自己的一文不值。這就是為什麼很多人無法體驗副業美好的副作用，因為只想著：「我有什麼資格……」

冒牌者症候群最常出現在高成就的女性身上，讓我們無法享受成功的美好，更大幅限縮了我們的潛能。一旦覺得自己不值得，我們就會拒絕大好的機會，排斥創新的想法。冒牌者症候群可以說扼殺了許多的可能性。

很感同身受嗎？這確實像是我常聽到的藉口（連我自己狀況不好的時候

也用過）。人們總是告訴我，他們還沒準備好踏出下一步，無論是搬家、創業投資、網路約會、申請大公司的工作等等。事實是，我們永遠不會準備好，但唯有繼續前進的人才能達成目標，就像作家蘇珊・傑佛斯（Susan Jeffers）所說的：「他們感受到恐懼，卻仍然著手努力。」他們知道自己沒什麼好損失的，卻可能得到許多。隨著努力嘗試的經驗累積，一切將不再難如登天，有時甚至會刺激有趣。

每當我搬到新的國家、辭去工作、開始創業時，總是感受到源源不絕的動力與生機。因此，如果聽到內心的小聲音告訴你，你沒有才能、不夠聰明，所以不可能實現夢想，請記得這只是你腦中的想法，而不是現實。

翻轉恐懼，問問自己：如果相信自己是最好的，開始行動，最棒的結果會是什麼？我想，只有一種方法能找到答案。

OVER to YOU

輪到你了！

寫下你所有的擔憂，但不要止步於此。每寫一項，就問自己：然後呢？然後呢？一直寫下去，我保證你的處境不會淪落到牙齒掉光，在橋下流浪。

4
如何找到自己的副業

我訪問的副業成功者中，有許多人的創業資本很低，規模容易拓展，與現職不衝突，而且能發揮個人的熱情和創意。最重要的是，他們享受其中。

「你必須熱愛你的副業，因為你得整個晚上、週末都投入，甚至任何空閒時間都不能放過。」

——金柏莉．帕墨，著有《聰明媽媽，富媽媽》

「解決嚴重的問題。無論是為公司效力或自己創業，都要去解決最嚴重的問題。如果你為別人解決了問題，他們就會想要與你合作、買你的產品或服務，也很可能會付錢酬謝你。」

——尚恩．伯爾

我們已經談過副業數不清的好處：經濟上的自由、不受限的創意、與興趣相符的事業、失掉正職後的更多選擇，以及自己排定行程計畫的樂趣。對於創業，你或許已經有一些想法；然而，該怎麼知道要追尋哪個想法呢？

大概有一百萬件事可以激勵我們創業：靈機一動、對工作的不滿、生活的突發事件等等。對於我的朋友，《健康資本》（Wellth）的作者瓦荷布來說，關鍵是他的健康：

我當時正在經營另一間公司，試著募集資金，卻發現下背有兩處椎間盤突出，壓迫到坐骨神經。我幾乎沒辦法走路，差點就要開刀。回想起來，這或許和我大學打籃球的舊傷有關，再加上壓力太大，而且我一年要飛將近十萬英里。我的身高有六呎七吋，要縮在飛機狹窄的椅子裡實在不太舒服。

有位醫生告訴我，瑜伽或許可以讓我不用動手術，於是我開始每天練習，意外地喜歡上了這個運動。從那時起，我對更圓滿的生活型態充滿興趣，開始吃有機食品，扔掉有毒性的日用品，練習冥想，時時心懷感恩。幾個月以後，我的背完全好了（沒有動手術）。這個經驗讓我醒悟，健康不只是減重或外表好看而已，而是結合了我們如何對待自己的心理、身體和環境。因此，我創立了 mindbodygreen。

我的另一個朋友露帕・瑪它（Rupa Mehta）在紐約創立了健身事業Nalini Method。她分享了創業的經歷：

我那時二十多歲，正在人生的十字路口，思考著到底是要搬回維吉尼亞州舒適的家裡，還是留在紐約追逐冒險和熱情。我的腦海中不斷迴盪著：「教學、教學、教學。」這會是場冒險，但我想要追尋內心的聲音，找到值得全心投入的事情。Nalini Method 的誕生正是源自於在大城市中建立根據地的渴望，希望這間工作室能給客戶家的感覺。我知道自己的生命中不能沒有教學，所以我的事業結合了對家的愛、教學和健身。

關鍵在於發掘自己的夢想，無論是健身、教學，或是其他無限種可能。事實上，再也沒有比現在更好的創業時機了。賽斯・高汀（Seth Godin）[9]說，

9 暢銷作家，被美國《商業週刊》稱譽「資訊時代的終極創業家」。

生在現代是「一生一次的機會」，再正確不過了。然而，如果我們不好好利用，再多機會也是白費。

當渴望創立副業，卻不知從何下手的新客戶來找我時，我總會給他們一套屢試不爽的公式，叫做「技術淬鍊公式」。

發掘技術的三個步驟（也能讓你賺錢）！

創造「技術淬鍊公式」的目的是幫助我的客戶了解他們已經擁有的優勢，並且發掘出足以成為副業基礎的技術。步驟很簡單：

1. **想三個你曾經解決過的嚴重問題，或是三項成就**。不一定要和工作有關，也不一定要讓其他人刮目相看。只要腦力激盪出三項讓你引以為傲的成就，或是解決過的三個難題。

以下有幾個例子參考：

- 我在一個月內找到夢想中的房子，而且以低於預算兩萬五千元的價格買下。

- 我幫助朋友走過難受的離婚過程。
- 我的姐姐找不到工作，而我幫她找到一份薪水不錯，她也很喜歡的工作。
- 我以第一名的成績從大學畢業。
- 我一個人當背包客環遊歐洲。

2. **找出幫助你達成三項成就的技術或技巧。**

我希望你暫時跳脫自己，謙虛的人（或是冒牌者症候群患者）會覺得這個步驟非常困難。如果已經習慣貶低自己的成就，你或許會看著列出的清單，心想：我沒有做什麼特別了不起的事來達到這些成就。

但你做了。你擁有足夠的力量和技巧，讓你完成上面的三件大事。不是每個人都做得到，而且沒有人能用你的方式來做。

我們甚少花時間注意自己的成就和能力，但若想要創立成功的副業，就必須了解自己的優勢。用心發掘所有讓你有所成就、解決問題的能力吧！

讓我們繼續沿用上面的例子。若想幫助姐姐找到工作，你得先在人際網絡中探問，也問問熱愛工作的朋友關於求職的建議。最後，你能找到對的人脈，幫姐姐在好的公司爭取到很棒的機會。

你重視細節，於是讓她的履歷看起來更亮眼，讓她在面試中表現出色。同時，你也教她如何持續關注，展現出堅定的信心，卻不顯得緊迫盯人。

於是，在反思的過程中，你發現自己很擅長發揮社群的人脈來達成目標，能自在地發問，找到正確的定位，並且將人際關係運用到極致。這些都是極度可貴的技能，如果善加利用，就能幫助你創造獲利的副業。

如果是買房子的例子，代表你很擅長做研究，能夠處理大量資訊，判斷區域內房地產的相對價值。你也漸漸發現自己精通協商談判的技巧，面對壓力能保持冷靜，不讓情緒影響你的判斷。

3. 想想看，你的技術還能用在什麼地方？

要記得，唯有善用自己的所有，發揮全部的能力，才可能創造成功的副業。你擁有的是一套明確的技術，而且已經證實會帶來成果。讓我們腦力激盪一下，如何把這些技術發揮到極致呢？

或許你可以成立星期天的編織小組，收費兩小時一百美元，教人們如何編織。

你可以怎麼運用技術，讓編織的事業更上一層樓呢？

創業的過程中，對於提問的開放態度會是一大優勢。想成立興趣小組的話，可以徵詢誰的意見？誰有過類似的經驗，可以引導你？誰能為你指出盲點和問題，讓你不要犯錯？

你也會需要依賴自己的社群網絡。要邀請誰加入小組？誰的交遊廣闊，能幫你快速宣傳？誰認識專門雜誌的編輯，能幫你爭取到專題報導？你能讓朋友願意幫忙替你姐姐和公司的人資部門牽線，該怎麼運用這樣的能力讓人們幫你宣傳編織小組？該怎麼讓參與你的社群變成一件有趣的事？

你優異的定位判斷與後續追蹤能力對於尋找場地至關要緊。該如何向場地的提供者證明提供場地會帶來益處？如何用不討人厭的方法進行後續追蹤，確定對方答應你？

又或者，你可以用房地產的談判技巧來進行研究、建設、定價，創造出高收益的線上編織教學，或是創立虛擬的編織小組，集合來自世界各地的同好。

在訂價方面，你已經有點概念，所以能輕鬆地將這項可貴的生意技術運用在副業上，調查當前市場中，在不同的定價區間，其他供應者會提供怎樣的產品或服務。

房地產的經驗教會你時機的重要，於是你決定在邁入冬天的前幾個月，人們開始感興趣時推出線上編織課程。

不覺得編織是很不錯的副業嗎？我就認識一位靠著線上編織課程而擁有六位數收入的女士。沒有什麼天分或經驗是微不足道的，任何事都可能帶來收益。你看不上眼的技術可能受到他人欣賞，甚至想要學習。

一旦完成了上述的三個步驟，你會發現自己的技術已經足夠讓你踏出創業的第一步。

剛成為成長顧問兼作家時，我絲毫不清楚該如何向編輯推銷自己，但我知道如何從零開始建立生意關係，於是從這個方向著手，過程中不斷學到新的技術。

你不需要現在就知道一切，只要足夠你開始就好。

加分技巧：問所愛的人，你擅長的是什麼。

我們對自己的優勢和技術太過熟悉，有時甚至會忽視；但對其他人來說，卻能看得一清二楚。

如果你的技術淬鍊方程式使用得不太順利，不妨問問親朋好友自己擅長什麼，或是幫忙解決過什麼問題，或許他們能幫你看到內在的力量。接著，好好運用這些優勢，規劃如何創立副業吧！

一旦領悟到如何發揮強項，打造夢想的事業，你一定會振奮不已。

如果你像大部分的人一樣感到振奮，接著一定會很快地開始自我質疑，認為自己的想法不切實際。別這麼想！保持熱情，讓你的點子成長，不要太早把它給扼殺了。

或許，你並不需要這套公式：你的心中可能已經有一本小說等待完成，未來可能有一片又一片美麗的花園等著你設計，又或是你渴望創造出一件件有機的嬰兒服。然而，有些人需要一臂之力，雖然知道自己感興趣的事，卻不太確定自己的熱情在何方，更別說以此創業了。就像前面提到的，蓋洛普民調顯示，只有百分之十三的美國人認為自己全心投入工作，而2014年的報告顯示，千禧世代較不認為自己有機會在工作時發揮所長，更有許多人的工作與個人的才能或特長並不相符。這通常是因為他們受到恐懼的限制，在追尋夢想時裹足不前，無論是教編織或其他志業，都害怕只是不切實際的幻想。而結果呢？他們覺得不滿。

針對我的部落格訂閱者做調查時，結果讓我感到驚訝：

當問到：**你最恐懼的事？**

- 43.09%的人回答：無法完全發揮生命的潛能。

● 28．73%的人回答：不知道自己的專長，被困在每天的工作中。

被問到：**如果十二個月後工作情況不變，你會覺得如何？**

● 48．73%的人說：一點也不好。

● 31．16%的人說：我想還好吧。

● 17%的人說：很不錯。

● 只有3．12%的人會說：很快樂，我愛我的工作，我目前想要的一切都有了。

而意見欄說明了一切：

● 我覺得挫敗。

● 我常會覺得被綁住，一切都沒意思。

● 我會需要抗憂鬱的藥。

最後一個問題是：**我心甘情願放棄目前（受僱於人）薪水的幾成，當自己的老闆？**

● 19．5%的人說願意放棄三成。

● 23．27%的人願意放棄兩成。
● 28．3%的人願意放棄一成。
● 28．93%的人不願意犧牲任何一點收入。

我知道這個問題很沉重，而我的發問方式像是希望你辭掉工作。不過我絕對不是要你立刻這麼做，你還是得先將副業發展出與本行相當的規模，而且能夠自給自足。

上面的回覆也說明了一件事：有太多人對工作的現狀不開心，甚至願意放棄收入的一大部分來追逐熱情！這還不夠激勵我們努力發展副業嗎？

如果還是害怕，記得這句箴言：你不等於你的工作。你比自己的工作更偉大，所以就算對現在的職業很滿意，也不要讓職稱限制了你。就像我為健康保健網站寫的文章〈別讓工作定義你！尋找自己的意義！〉提到的，找我當成長顧問的人最主要都是因為覺得他們在工作中處處受限，沒有成就感。

他們希望我幫忙找到人生的「目的」或是「天職」。每天的工作讓他們忙碌不已，外表看來很開心，內心卻充滿挫折。他們覺得無聊、虛偽，自尊心漸漸被消磨。暢銷作家史蒂芬・普雷斯菲爾德(Steven Pressfield)說過，他們雖然知道自己有力量、熱情與智慧去做任何事，卻不知道是什麼事，也不知如何開始。

遺憾的是，不會有人把你的熱情打包好直接寄到你手上（還附送實踐步驟），但你可以問自己幾個重要的問題，思考究竟什麼能吸引、觸動你的心靈。如果能靜下心來，向內探尋，誠實面對令你感到喜悅的事，然後採取行動實踐，帶來的結果將會遠超出你的想像。傾聽內在的智慧，追尋它的引導，你會感受到其中的魔力。

用了「技術淬鍊公式」以後，你應該已經很清楚自己可能的副業了。

下面有九個值得反思的問題：

1. **我上班偷懶時都在做什麼？**

我的客戶戴夫是個很棒的工程師。如果有額外收入，他會全部花在攝影器材上。他週末都在曼哈頓和布魯克林拍照，Instagram上只追蹤攝影師，開會無聊時會上網看攝影相關的文章和部落格，工作有閒暇時也是。他會花好幾個小時在辦公室研究攝影展，甚至還規劃去歐洲看展，對於攝影的熱情不證自明。

有個朋友付錢請他為公司網站拍藝術照時，他告訴我：「蘇西，一命嗚呼上天堂就是這種感覺。」嗯……確實如此！這邊還是要澄清：我不是鼓勵你上班偷懶，但老實說，大部分的人都有不少空閒時間，而我們在這段時間做的事恰恰能指出足以發展成副業的熱情。

2. 孩提時代，什麼事會帶來喜悅？

信不信由你，你的熱情也許會成長或進化，但絕不會真的改變或是消失。年輕時什麼事讓你開心，是演奏音樂、寫故事、幫助動物、擔任運動隊伍的隊長，還是創造、發明呢？心靈雞湯系列的作者之一傑克·坎菲爾，推薦了「喜悅回顧」（joy review）這個方法：

寫下你生命中最快樂的時刻。是當背包客，用很低的預算玩遍亞洲嗎？在高中時領導辯論隊？工作時訓練新進員工？還是裝潢你的舊公寓？你應該會發現，這些喜悅時刻都有著共通點。一旦白紙黑字寫下，就會發現一切並不是毫無關聯。

3. **喜歡看哪一類的書和部落格呢？**

想想看，一打開電腦，你最常看的網站是哪五個？舉例來說，我有個客戶是房地產經紀人，但他會花好幾個小時看烹飪書、網站上的食譜和天然食材方面的部落格。如今，他自己也成了美食部落客，有不少追蹤者，也有穩定的額外收入。看看除了親朋好友之外，你在臉書和Instagram上還追蹤了誰吧！

4. **如果錢不是問題，我想要整天做什麼？**

信不信由你，有錢人也需要工作的刺激（想想歐普拉和理查·布蘭森[10]吧），只不過他們可以做任何想做的事！這就是所謂的自由！易地而處，你會做什麼呢？你會寫作、教浮潛，或是提供約會的建議？會願意無酬做一件事，通常代表你真心享受，而且得心應手。

10 Richard Branson，英國著名企業維珍集團（Virgin）的創始人、執行長。

5. 如果能當某個人一星期，我會選誰？

從我們仰慕的人，通常就能看出我們內心暗自希望成為誰。你欽佩艾比．瓦巴赫[11]、蘇菲亞．阿莫魯索[12]、維多莉亞．貝克漢[13]、麥特．勞爾[14]，還是艾琳．柏奈特[15]？回想一下自己為誰著迷過，這會是很棒的線索。

6. 我在哪方面最不會感到不安？

人類實在很有意思，對自己過度嚴苛，總是一眼就看到缺陷，卻看不出自己的優勢或能力。我曾經引導過一位成就不凡的執行長，每次請她分享領導的技巧，都像要了她的命一樣！

如果你也是這樣，那麼與其拚命想自己最珍視的人格特質是什麼，不如想想：對於自己，我最不討厭的部分是什麼？有時可以提醒自己，過去有什麼成就，幫了什麼人，好好展現出讓你內心暗暗感到自豪的事吧！

7. 有什麼事單純而有趣？

再沒什麼比長久的興趣更能成為副業靈感了。副業與興趣唯一的不同是，副業會帶來收入，代表你不只自己享受，更為他人提供服務。如果你喜歡畫畫，卻只想單純當成興趣，那很好，卻不是副業的好點子；但如果你也喜歡為別人畫，讓自己的畫出現在別人家裡、辦公室、別墅等地方，那麼你中大獎了！

我有個朋友熱愛以色列防身術（Krav Maga），且樂於傳授給別人，另一個朋友喜歡為親朋好友規劃公司派對。棒極了！他們喜歡自己在做的事，相當擅長，而且能有收入。有什麼是你喜歡、擅長，而且能獲得報酬呢？

8. 有什麼話題永遠不嫌無聊？

有什麼主題讓你覺得「我可以整天談這個」？舉例來說，我先生很喜歡聊房地產投資，總是說如果有第二份工作，一定會是賣房子。這話題對我來說是

11 Abby Wambach，美國女子職業足球運動員、教練，獲得一座女子世界盃足球賽冠軍、兩面奧運金牌，以及2012年國際足總世界足球小姐榮譽。

12 Sophia Amoruso，美國企業家，因其學歷不佳卻能白手起家而聞名，經歷離婚與破產危機，人生經歷改編的影集《Girlboss》於2017年播出。

13 Victoria Beckham，英國歌手、時尚設計師，後來嫁給足球明星大衛・貝克漢。

14 Matt Lauer，美國全國廣播公司（NBC）的新聞主播、節目主持人。

15 Erin Burnett，美國新聞主播，在CNN主持節目Erin Burnett OutFront。

鴨子聽雷，還好他有志趣相投的兄弟和朋友。

我們不只該問問自己，什麼主題讓我們充滿活力，也該想想有誰和我們有同樣的熱情，並好好培養這份情誼，然後問下一個問題……

9. 誰是我的夥伴？

你的夥伴由懂你的人組成，但不一定是同事、大學同學或手足。有位和我感情不錯的前同事就在社區的健身課中找到了夥伴。我注意到，她在與夥伴交流時，總是處於最耀眼、最有活力的狀態，真是太棒了！

如果還沒找到自己的夥伴，出發尋找吧。用上面的提示找出自己的興趣，並鎖定志趣相投的團體。你可以加入讀書會、上烹飪課、在大學進修程式方面的課、在動物之家擔任志工。睜大眼尋找，你會發現到處都有機會，也處處有夥伴。我星期六時在紐約大學修習成長顧問的資格，遇到來自不同年齡層和專業領域的人，許多都成了很棒的夥伴。

問完自己九個問題以後，更清楚找到方向了嗎？非常好！一旦方向確立，你必須採取行動，否則一切都不會有所改變。剛開始擔任成長顧問時，我還是全職的廣告行銷主任，認為自己想教導人們如何行銷。我確實很享受，但也發現真正喜愛的是幫助人們掌握自己的力量，得到自信，並追尋夢想。我知道這是可行的，因為我親身實踐了。

你可以問問自己：在接下來的七天裡，我能做哪三件事，讓熱情成為副業？可以是創設YouTube帳號，開始上傳課程的影片；告訴朋友和同事，只要幫忙宣傳，你就願意協助規劃萬聖節派對；買一杯拿鐵請你所仰慕的行銷大師，讓她花二十分鐘與你交流……你有無限的選擇。

下一個星期裡再做三件事，再下個星期也是，看看會發生什麼事。不斷重複這個步驟，不要停下腳步，付出的收穫一定會讓你驚喜萬分。

要記得，任何偉大的成就，都是由微小而持續的努力積累而成。這裡幾塊錢、那裡幾塊錢的收入，合起來也會成為豐碩的存款；每天都選擇健康的午餐，久而久之就能帶來更健康的身體。這些都不是意外，而自我探索的過程也是同理可證。你隨時可以開始更深入地了解自己，實現內心最深處的模樣（耀眼、準備充分、鬥志高昂！）

你的工作不代表你這個人，只是眾多的面向之一而已。你內心也很清楚，自己有無限的潛能，所以還在等什麼？十三世紀的波斯詩人魯米（Rumi）寫道：「你所尋求的，也在尋求你。」你的喜悅、夥伴和幸福都在等著你發掘，而且會一直等下去，只要採取行動就可以了。

副業在某些領域還有個額外的好處：能幫助你在辦公室的表現更亮眼！NatureMapr創辦人亞倫的正職是科技業，而這個應用程式利用群眾外包[16]追蹤珍貴的特有物種。創業以後，他發現擁有自己的產品能提升他的名氣：「當你親手創立一家科技公司時，這會在科技業界帶來口碑。因為代表你能身體力行，不只是畫大餅而已。」

你難道不希望自己獲得執行力高強的美名嗎？快開始腦力激盪吧！首先要找到熱情，每個人都會有一些，但是要選一個符合以下條件的：你有天分、別人有需求、能夠賺錢。答案可能是教書法、規劃派對或是接案設計網頁。不要想太多！你的事業會隨著時間而改變，所以放手去做吧！你有什麼點子呢？

再來想出一個真心相信你的人，可能是另一半、摯友、父母、前主管，任何人都行，甚至可以是已經離開你（或是過世了）的人，像是學校老師或是以前的教練。

我父親在我十九歲時過世，我時常想起他，好奇他對我現在的事業會有什麼看法。想想看相信你的人對你新的創業規劃會怎麼看，會對你說什麼。

聽好了：要相信他們對你的信心，而不是你的自我質疑。

下面這些副業或許值得你追求：

- 房屋翻新、家庭裝潢顧問
- 校稿、編輯
- 經營部落格

16 crowdsourcing，將一些需要仰賴人力完成的工作透過特定的平台，外包給網路上不特定的一群自願者，處理的內容通常是較瑣碎、需要大量人力且電腦程式難以取代的工作。

- 製造有機的護膚產品、家庭清潔劑等
- 活動或派對規劃
- 食品代購
- 教外文，或當家教
- 加入Uber、Lyft（或其他共享經濟app）提供年長者的接送服務
- 提供營養或養生建議
- 教人如何簡單報稅
- 設計商標或其他設計服務
- 自然或婚禮攝影
- 撰寫婚禮致詞
- 提供外燴餐飲服務
- 為社會新鮮人提供財務規劃
- 進修取得健身教練證照
- 網路出版短篇愛情小說

- 幫人操盤，或當商務教練
- 為客戶手工量身打造胸罩
- 製作有機蠟燭
- 珠寶設計
- 在Etsy[17]網站上販賣手工藝品
- 經營YouTube頻道
- 養蜂、賣蜂蜜
- 在業餘聯盟或青少年聯盟擔任裁判
- 社群網站顧問
- 提供YouTube影片拍攝或編輯的服務
- 寵物美容、按摩
- 協助撰寫各類計畫或專利申請書

17 網路商業平台，以販賣手工藝品為賣點。

- 配音
- 在Ravelry等平台販售自創的編織圖[18]
- 幫人整理衣櫃
- 教瑜伽或冥想

18 又稱織圖，為毛線編織時的專門針法說明圖示，不同的花樣或織品就會有不同的編織圖。

OVER to YOU

輪到你了！

腦力激盪十個可能的副業點子，不要想太多，寫下來就對了。可以是教英文、在網路平台販賣客製化的手作藝品、在附近的教會賣你自製的起士蛋糕，或是其他任何事。至少想出十個點子，你或許不是每個都很有信心，但這就是我們需要的：讓想法流動，才可能激發實際行動。

有了十個想法以後，依據熱情、偏好、可行性來排名，和你信任的朋友分享清單，請他支持你、為你打氣（當然，這是相互的）！問他們：

- **這些是我的想法，你覺得呢？**
- **其中我最擅長的是什麼？**
- **我還漏掉了什麼？**

把清單的項目縮減到最後一項時，問自己：

- **有誰已經在做這件事了？誰是潛在的競爭對手或合作夥伴？**

●他們用什麼平台和形式販賣產品或服務（例如實體教學、線上課程、實體店面、食譜、提供諮詢等）？

●他們如何定價？

●他們如何建立品牌、行銷？如何與顧客或訂閱者溝通？頻率為何（每週、每月、電子郵件附贈免費食譜或小技巧）？

●在花錢上課或考證照之前，先看看有什麼免費的網路資源（或是便宜的書籍）能讓我參考，學習如何在這個領域中建立自己的品牌？

●如何建立產品和品牌的識別度？

回答了上列的問題以後，應該已經消除了不少先前的擔憂，也讓你更清楚將來的方向。想想如何根據這些問題的框架，建立自己的副業吧！

5

願景板（Vision Board）[19]的幫助

「對生命懷抱最崇高、最偉大的願景，因為你相信的會成真。」

——歐普拉

「成功最好的方式就是有具體的目的、清楚的願景、計畫後的行動，以及保持思路清晰的能力。這是成功的四座基石，穩若金湯。」

——史蒂夫．馬拉博利[20]

還在煩惱自己的熱情是什麼嗎？願景板或許能幫上忙！我舉辦過許多這樣的活動，從自家的小聚會到大型的企業或慈善活動都有，而期間總留下令人驚奇的故事：有位女士一直認為自己想要孩子，但她的板子上充滿了旅行的圖片，因為她其實更想先看看世界。另一位女士則是從自己喜歡的圖片中得到靈感，設計一系列的手提包，發售了獨一無二的商品。

19 將自己所有的願景圖像化，貼在海報紙上，藉以激勵自己。

20 Steve Maraboli，美國的勵志演說家及作家。

大部分的人沒辦法確切說出自己想要什麼，所以會覺得處處碰壁、動彈不得，沒辦法確定自己的目標。接下來，我會分享如何與朋友一起做出願景板，幫助你打破這面高牆。

簡而言之，願景板集合了代表你所有夢想與目標（任何讓你感到開心、激勵的事物）的影像和圖片，有些人會叫它靈感板或夢想板。板子上的圖片讓我們把理想的未來視覺化，能幫助我們釐清自己真正想要的，並帶來奇妙的創造力。

願景板能讓夢想變得更具體精確，而且用獨特而有趣的方式呈現出來。我的一位客戶把金門大橋的圖片放在願景板上，兩個月之後順利調職到舊金山；另一個選了一張音樂家彈琴的圖片，接著就認識了當地樂團的樂手，兩人墜入愛河。

我在紐約市開工作坊，其中一個項目就是願景板派對。如果在家裡招待朋友，這會是很特別的聚會主題，會帶來出乎意料的收穫，讓大家開始討論，分享彼此的目標，並且互相支持鼓勵。

在家裡舉辦願景板活動很簡單，你只需要：

● 心胸敞開的朋友

團體的能量很重要，所以邀請正向、想像力豐富、心胸開放的朋友吧！不只會讓人備受鼓舞，更能為接下來的一年（或很多年）創造出有意義的話題。六到八個人的小組效果最好。

● 準備好素材

願景板是從零開始創造的，你會需要一些雜誌（居家、風格、流行、食物、商業、家庭）、一面板子（或海報紙）、剪刀和膠水。請朋友們不要花時間看雜誌，雜誌只是靈感和圖片的來源而已，他們也可以帶自己的舊雜誌。（帶一些零食或飲料也不錯！）

● 稍微佈置一下

播放一些輕柔或快活的音樂，點幾根蠟燭，多製造一點靈感氛圍。不要開電視、用手機（最多只能用來播放音樂）。如此一來會創造親密的環境，讓小組建立起充滿創意而直觀的心態。

● **清楚的指示和方向**

不是每個人都知道如何創作願景板。請告訴大家，最重要的是別想太多，只要蒐集讓你「有感覺」的圖片或文字就好，從雜誌上剪下來，排在板子上。先剪下來，晚一點再一起貼（但每個人離開之前都要貼好，不能帶著碎紙片離開）。

● **一篇視覺化的短文**

這和一般的晚宴聚會不同，所以不要只顧著聊天喝酒，把板子的事拋到一邊去。請堅持每個人都要準時出席，一起朗讀能幫助視覺化或冥想的文章，讓大家的心態調整一致（網路上有豐富的資源，可以搜尋關鍵字「視覺化／當下／冥想短文」），確保每個人都專注在當下，明白這場活動的目的。

如果不是每個人都彼此認識的話，也可以讓大家很快地自我介紹，並且說一下自己願景板的目標。

● **合作與流動**

鼓勵朋友們分享彼此的板子和圖片選擇。創意會激發更多創意，而團體的能量有時充滿影響力和吸引力。也別忘了，在創作的過程中，板子的主題和想法都可以隨時改變。你可能以為自己的板子代表財務方面的成功，過程中卻越來越聚焦在居家和家庭生活。因此，好好享受「發現新大陸」的時刻，和大夥分享吧！

事實上，**出乎意料的渴望**浮現的時刻，正是願景板創作過程的精華，會讓你有關副業的想法自由地流動。

●留一點白

請大家在板子上留下一些空白，給未來可能遇到的靈感，甚至也可以在正中央放上自己快樂奔放的照片。請他們把願景板放在每天可以看見的地方，讓吸引力法則發揮作用。

與他人分享願景板的創意和藝術體驗時，我們會得到更多的樂趣，也能暫時離開電子用品的干擾，拉近彼此的距離。夥伴能在情緒低落時激勵你，而合作過程更可能帶來意想不到的收穫。

OVER to YOU

輪到你了！

設定日期，召集一群有副業的人，或是想追求更豐富生活的人。捲起袖子，開始享受願景板派對的創造力和魔力吧！結果一定會令你驚奇的！歡迎在推特@susiemoore上和我分享你得到的副業靈感！

6 為什麼我們永遠不會準備好

「我想生命中最糟的事，就是一直等自己準備好。我覺得，沒有人是真正準備好做什麼的，根本沒有準備好這回事。我們只有現在，所以不妨現在就動手，現在就是最好的時機。」

——休．羅利，英國演員

「業餘人士坐等靈感，而其他人直接開始動工。」

——史蒂芬．金

「成功的秘訣就是馬上行動。化繁雜為簡單，做事有條理有順序，即是馬上行動的秘訣。」

——馬克．吐溫

你永遠不會「準備好」開始創業。就像生命中的許多事物，永遠不會有最完美的局面或時機，讓你展開創業的冒險之旅，而越早領悟到此事越好。在生命不同的階段裡，我養過狗、搬到過國外、離過婚，當下的我總會推遲拖延，但其實毫無必要。無論你覺得自己是否準備好踏出下一步，結果也不會不同，如果現在就開始，意味著你能更快到達目的。

朋友啊，是什麼讓我們覺得一定要準備好？答案再一次是恐懼，而「立刻行動」是唯一的解藥。

我們會犯的另一個錯，是認為自己已經採取行動。或許我們正在做研究、修課、參觀藝廊、讀上千本書，就認為自己已經在探索創業的點子了。且慢！吸收相關的資訊固然重要，但光是如此，除了增進知識外，不會有其他結果。知識的目的在於應用、啟發，以及創造。拿破崙・希爾[21]在《思考致富實踐》一書中說過，知識雖蘊含力量，我們仍必須付出努力。

這方面我也做得不太好。我熱愛閱讀，可以一直沉浸在書中，但還是得用小筆電撰寫這本書，和部落格的每篇文章。我必須創作出自己的作品，而不只是品味前輩作家們的心血結晶。我必須有所貢獻，這是人生在世的理由：無論多麼微小，都要有所貢獻，讓世界變得更美好一些。

我有位客戶熱愛寫部落格食記，可以連續花四個小時在Pinterest網站上創作美麗的剪貼簿，主題包括烘焙、春天料理、派對餐點和餐桌佈置等。有趣嗎？是的。實用嗎？或許。稱得上副業嗎？不算。

不要搞混了，也不要一味拿研究當擋箭牌，或是花數萬元去上聽起來很厲害的課程。副業在開始帶來收入之前，都稱不上副業，充其量只是興趣而已。所以請跳脫研究的步驟，開始行動吧。

Stratim公司的尚恩建議，不妨就直接一頭栽進去，盡快找到一些客戶（免費的也行）。創業最快的方法就是找到前三個客戶，你會從他們身上學到很多，為你接下來的過程省下無數的時間和力氣。

投資以下的項目時，務必小心謹慎：

● **華而不實的宣傳工具**

我看過太多人投入大筆金錢，想讓他們的品牌看起來「越華麗越好」，實際上卻賺不到什麼錢。宣傳不代表一定要花一堆錢讓你的事業看起來光彩亮

21 Napoleon Hill，本世紀最早且最知名的勵志書作者。

眼，你可以用相對精簡的預算，塑造出乾淨、吸引人的品牌形象，或至少在開張之前先把宣傳費省下來。我一向認為，在賺錢之前不應該先花錢。

● **公共關係**

市面上有太多所謂的「公關專家」想賺你的錢，能帶來的獲利卻少之又少。如果你真的想僱個人，至少找個符合預算，風評也不錯的。根據我的經驗，最好的公關來自你建立的關係和提供的價值。關鍵在於建立關係和互惠，所以期盼他人幫助你之前，先幫助他們吧！

● **昂貴的廣告（網路或非網路）**

在廣告方面花錢時務必小心，人們常會把大筆的錢砸在壞廣告上。不要被騙了，花錢買臉書的讚不會為你帶來很多生意。錢要花得有智慧，才能讓每個廣告都帶來實際的效益（例如，讓人拜訪你的網站，成為訂閱者）。我認識（或聽過）在社群網站上，有很多人的粉絲數字是花錢買來的，電子報或網站的訂閱者卻少得可以，生意也幾乎賺不到錢。這再次驗證了，他們把大好的錢砸在錯誤的地方。

●一項又一項課程

有的課程很棒。如果好的課程能讓事業更上一層樓，我很樂意花錢去上，我自己也開授了一些。不幸的是，很多人修了一堆課，卻一心想等到「靈光一閃」或「正確時機」才開始創業，從不真的採取行動。沒有任何課程可以改變他們的處境。這就像是想要學騎腳踏車，卻只讀了一堆書、上了許多線上課程，而不是馬上找一台來練習。你得坐上車、摔車、再上車，才會學到自己的技術。套用亞里斯多德的話：「學會了才能做到的事，我們是靠邊做邊學。」

我知道起步總是讓人感到恐懼，所以對於踩踏板前總是驚慌失措的人，我會這麼說：「你就騎上去吧。」這不只是為了自己，我們的生命都有比眼下的目標更偉大的意義，否則副業就不會如此吸引你、點燃你的靈魂了。

蘿倫．葛蘭特是活動策劃公司Grant Access的創立者。她為非營利組織策畫活動十年後被開除，在這個轉捩點決定自行創業。她說：「被裁員以後，我體認到，自己不能一直免費提供服務。奇怪的是，我是在為朋友舉辦的派對上醒悟的，感覺就像老天在對我說『你很擅長這個！』社群朋友是影響我決定創立公司的主因，他們的支持與鼓勵，以及對我實力的認可，給了我額外的動力。當時公司名字都還沒確定，我就已經有客戶了。」

就像蘿倫，我們已經擁有需要的一切，而品牌、公關、廣告、業界訓練都只是花稍的枝微末節罷了，不要因此分心而因小失大。有時每片拼圖都已就定位，只等著我們發覺。每個人的生命都有目的，一旦我們追隨美好的渴望和夢想，就會越來越接近。無論你擅長教學、畫畫、銷售、唱歌、設計、編劇、煮飯、馴犬、鼓勵他人，或是其他任何事物，才華之所以存在，就是要對世界有所貢獻。

所以不要再陷在死胡同裡，擔心自己夠不夠好、值不值得，只要盡力去做就好！當你為自己所愛付出一切，並且接受結果，就可說是明瞭了人生的意義。但如果過度在意自己，就會失去目標，看不清真正重要的事：要用自己的天賦與才能，為他人的人生帶來正面的影響。

要記得，你的生命只是更偉大的整體的一部分，你的任務是找到自己扮演的角色，並努力演出。不要問「我想要什麼」，而該問「我能怎麼付出」，如果你的副業需要一句廣告標語，就選這句吧！

你可以做出很大的貢獻，你自己也很清楚，不是嗎？要相信自己的努力和付出，每個人都能為世界帶來很棒的影響！要知道不是一切都以自己為中心，重點是付出了什麼，這會讓你感到安心。不要再成為自己的絆腳石了。

下面的技巧能幫助你找到最好的立足點，從被動心態轉換為行動：

●規劃投入的時間

每個星期至少空出四小時的時段（如果你是短程衝刺型，也可以分成兩個兩小時），投入在副業的活動。這時間就像個約會或重要的會議，不能更動也不能妥協。好好安排，記在行事曆上！除非有人過世，否則就要好好努力（不只是做研究，要自己寫作、創作、創造）。不要應門、忽略一團亂的廚房，你的副業時間比這些重要多了。美妙的是，兩小時的時段會不知不覺變成三小時、四小時，這就是所謂的絕佳狀態。

絕不找藉口

不管你的副業是什麼，決定動工以後，要約束自己的心理（後面會再談到）。一旦有負面的想法浮現，告訴你不可能達成目標，或是妨礙採取行動，你必須立刻有意識地拋開這些想法。有些人憤世嫉俗，不相信朝九晚五工作之外的其他選擇，最好限制自己與他們相處的時間。他們可能會告訴你：「拜託，今天星期天，該去看場電影、喝杯咖啡或來點小酒。」成功需要犧牲，你事後不會後悔的。記得，結果就是一切！**藉口毫無意義**。

排除讓你分心的事物

把手機放遠一點，社群網站先關掉，筆電的通知也先調成靜音。在副業時間，不要讓任何事打擾你。我的信箱和通訊軟體平常在朋友傳訊息時會跳出通知，但當我在寫這段文字時，兩者都是關機狀態。關掉，關掉，關掉，沉默是你的朋友。為了完成這本書，我幾乎取消訂閱所有放在「心靈自助／生產力／人生勝利」書籤的網站內容。因為我也在Instagram上追蹤了很多人，一直看他們在做什麼、提倡什麼、與誰合作，所以必須讓自己從心靈自助書裡放個假。

對一個沉迷者來說，這很困難。有好幾個月，我只看小說，為的是傾聽內在的聲音，而不因為新的想法分心。我把吸引我的書都放到「完成本書以後」的閱讀清單，在那之前，我的心靈導師和同行都被束之高閣，就算他們去競選，我大概也不會知道。

如果要有真正的進步，我們必須全神貫注。你問附帶的好處？不受干擾的感覺挺不錯，你或許根本不想重新訂閱各種網路資訊。想想生活中有哪些事可以放到一邊，讓你追尋夢想？

設定期限

成長顧問在設定期限時總是殘忍無情，因為有期限才能幫助我們達到終點線。對你的副業來說，成功應該是什麼模樣？一開始，先在心裡想出終點的模樣，並給自己一個清楚、可行、實際的實行期限（例如，在七月三十一日十二點以前，我要寫完小說）。接著再切成更小的期限，讓自己在過程中一步步遵守。假設你的小說有十二章，一共六個月的時間，所以一個月要完成兩章，每兩個星期完成一章……你還在等什麼？等到2029年嗎？

同時也要記得，在正式創業之前，你不會有餘裕準備另一個計畫、點子或靈感。在期限之前完成手頭上的事，再期待下一步吧！下一個靈感會浮現的，相信我。

享受過程

我知道前面聽起來很嚴肅，但其實會很有意思（大部分的時候啦）。努力的過程中，我們會處在最冷靜、投入、充滿創意的狀態。所以好好活在當下，享受展現才華時的快樂吧！

舉例來說，我愛寫作，但討厭更新自己的網站，或管理線上課程和電子報的軟體系統。雖然大部分的程式碼都已經外包，但我還是必須多少有點了解。每次遇到技術上的問題時，我總是想問自己為什麼需要這些？答案也很清楚，沒有網站、課程、基礎設備，事業就不會有成長。或許在我剛起步的時候，少了這些影響不大，但如今它們已經是不可或缺的工作。

我們要圓融地面對挑戰，而這些相對乏味的必要工作，反而能使我們更享受有趣的部分。正如我的顧問好友史蒂芬妮．克萊兒說的：「生意的經營最優先，諮商或寫作都是其次。你會花一成五的時間在自己喜歡的事（對我來說是諮商和寫作），剩下八成五則是行銷、行政、銷售、訂定相關策略，以及回覆一大堆電子郵件。而事業的存亡端看你多快能適應『企業主第一，藝術創作者其次』的角色。」

●慶祝

這是我最喜歡的部分，一路上慶祝每個小小的勝利。當你一個月順利達標，獎勵自己一下吧！按摩、新的勵志書、一杯香檳，這些都能激勵你繼續努力。我喜歡在心滿意足地寫作了一整天以後，好好去做一下美甲，或是和另一半一起去新餐廳吃飯。要記得，就像一段旅途一樣，過程中需要愉快的停靠站來調劑。

OVER to YOU

輪到你了！

受到鼓舞了嗎？現在就開始，訂下第一個兩小時吧！我等你。

7
怎麼找出時間？

「要想著生產力，而不是讓自己忙碌就好。」

——提摩西・費里斯，《一週工作4小時》作者

「一旦學會掌握時間，你會發現多數人高估了自己一年之內能完成的事，卻低估了十年之內可能的成就！」

——安東尼・羅賓，作家、潛能開發的傳奇人物

「隔絕讓自己分心的事物。」

——傑夫・沃克，作家

只是，我該怎麼找到時間？我聽到你這麼問了。

答案會因為副業的類型而不同，但你可以從一星期幾個小時開始。有趣的小知識：電影《歌喉讚》的劇本和小說《格雷的五十道陰影》大部分都是在火車上完成的，作者凱伊・卡農（Kay Cannon）和E. L.詹姆絲都搭火車通勤。

《歌喉讚》在2012年獲利超過6500萬元，而《格雷的五十道陰影》在2013年收入9500多萬元，讓E. L.詹姆絲成為當年富比世排行榜收入最高的作家。

知道這些之後，你還要花好幾個小時玩Candy Crush或在社群網站上窺看別人的生活嗎？你真的需要一口氣把《矽谷群瞎傳》影集全部看完嗎？這些事都不會幫助你早早退休，搬到夏威夷去！

時間不是重點，優先順序才是。我們每天都有二十四個小時，為了幫助你善用時間，我要分享終極的生產力秘訣：如何在更短的時間裡，完成更多事。無論你有沒有副業，都會很有幫助，能讓你節省許多時間。

● 聰明通勤

我是這麼做的：每天早上，我認真花幾分鐘寫「五分鐘日誌」，如果可以的話，出門之前盡量不檢查電子信箱或社群網站，原因如下：

兩分鐘等電梯

兩到三分鐘等地鐵

十二分鐘搭地鐵
三分鐘等咖啡
一分鐘等下一台電梯
加起來就會有二十一分鐘的等待時間，如果你真的想要，就趁機看看社群網站，滑一下Instagram、臉書和推特（每項一到兩分鐘），回應隔夜的訊息或郵件，全部總共十五分鐘，完美！

檢查電子郵件總會給我壓力，我不希望醒來的第一秒就要開始思考別人的需求。我想要照顧自己的需求，而日誌能幫我這麼做。

我跟大部分的人一樣喜歡社群網站，在事業中自然也會大量用到。然而，2015年《廣告週刊》的一篇研究顯示，每個用戶平均每天花1.72個小時在社群網站上！坦白說，每天用一小時又四十三分鐘看愚蠢影片、比較自己和別人的生活，這樣實在有點悲哀。

●善用等待時間

接續第一點，我在超商或星巴克排隊、等指甲油乾、等朋友一起吃早午餐時，會利用那幾分鐘補一下閱讀的進度、為即將到來的產品發表做點筆記、著手寫新的部落格文章、傳訊息和姊妹們打招呼，或是回覆一些不太緊急的郵件。大部分的人一天都有將近一小時發呆等待的時間，如果剛好要做頭髮、看醫生或獸醫，可能還會更多。這些時間累積起來，或許有七八個小時，足夠完成日常瑣事，會讓你有更多時間投入副業。

想想吧，如果你利用走路到超市的時間，打電話解決帳單的問題（我喜歡在走路時打給電信公司，因為轉接等候的時間總是很長），排隊時順便聯絡生意上的業務，那麼晚上就會有三十分鐘可以自由運用。在車上可以做的事就留到上車後，善用這些短暫的等待和通勤時間，就能省下好幾個小時，給你足夠的自由時間釐清想法，在家做真正重要的工作。

說不，再說一次

「不」是我最喜歡的字之一，想知道它的魔力在哪嗎？一旦你對不值得的事說不，就是對自己和值得的事說「好」。精通拒絕的藝術後，我的生活有了很大的改變，所以「不」成了我的人生新潮流。時間是完全無法重來的資源，能妥善利用它就會是你最好的朋友，而不是敵人。（我們常聽到別人說「沒有時間」，那就是把時間當成敵人了。）

如果手上有太多事，先深呼吸，花點時間讓自己的直覺判定怎麼做最好。慢跑或早午餐？陪朋友喝一杯，還是花兩小時寫部落格？在答應邀約之前，想想：「我是真心感到興奮、期盼嗎？」如果是，就去吧！不確定的話，說你晚一點再答覆。如果不是，有禮貌地拒絕，說「很謝謝你的邀請，抱歉我沒辦法出席」就夠了。試試看，會一次比一次上手的。我們每個人一天都有二十四小時，只有自己知道怎麼做最好的利用。

如果你一週拒絕一場社交餐聚或活動，再加上通勤時間，大概會多出八、九個小時，幾乎等於有一個工作天可以投入副業了！不要只因為害怕「會錯過什麼」就出席活動。尊重自己的行程規劃，別人才會因此尊重你。

另一個選擇是和所有的朋友分享近況。隨著副業成長，我的工作日益忙碌，也常要出差，必須不斷拒絕邀約，在社交場合也不太積極。我覺得時常讓朋友失望，於是開始舉辦一些派對，讓許多人同時聚在一起。

邀請一群人到家裡也有助於產生連結，建立出美好而持久的人際關係。空出一個星期五或六的晚上，請朋友帶瓶酒到家裡，準備一些簡單的點心，再放點很酷的音樂，哇！你不但和每個人交流了，他們也能認識新朋友。沒有什麼比在家裡小聚更溫馨了，所以投資幾個小時準備和清理善後相當值得！

●利用上班時間打雜（可能的話）

這有點爭議性，但我看過很多人做得很成功，所以建議你低調實行。大多數人的工作不會每分鐘都很忙碌，他們會說自己很忙，或是看起來分身乏術，但其實每天浪費掉的時間還真不少，相信我。想想看，你或許會發現星期五的下午四點沒什麼事，辦公室很安靜，你的待辦事項都已完成，所以開始發呆閒晃。不要打開臉書、Instagram，或是你熱愛的購物網站。做些簡單、快速的雜事，讓你稍後有更多時間投入副業。

下面是你可以在上班零碎時間處理的事：

線上繳交無法使用自動扣款的帳單

網購一些居家必需品

為你的貓狗預約掛號
看醫生／牙醫（下班時間很難預約）
去郵局
去銀行
計畫晚餐的菜單
預約髮型師、會計師等

有些人會利用午餐時間去健身房，或上飛輪課，好點子！如此一來，從五點或六點開始（依據你的職業而定），晚上的時間都是自己的。盡可能在上班時做上述的事情，就能陸續省下上百個小時，下班和週末時能有更多時間投入副業。

● 趁移動時打電話

你會需要打電話給誰？利用移動時打吧！我會在到地鐵站的路上與朋友通電話，或是利用整理洗碗機、在超商買東西、遛狗的時候。我隨身攜帶耳機，隨時可以打電話或收聽播客[22]。

小提示：聽些勵志型的Podcast節目，可以幫助你保持動機、集中精神。本書最後附有我喜歡的節目清單。

● 取消訂閱

如果你像我一樣，常收到航空公司、美容美體網站、零售網站和新聞網站等的垃圾信，幫自己一個忙，刪掉九成吧。除非你得收到某些人或公司的信才活得下去，否則就把收件匣清空。減少收件匣的干擾後，你的頭腦也會有比較多的思考空間。

如果是重要而無法避免的郵件，打電話口頭回覆要有效率得多，又可以省去信件往返的麻煩。趕時間時，我們的倉促會透過郵件傳遞，給人疏遠而粗魯的感覺，而打電話就不會有這個困擾了。

● 拋棄一些吧

2014年，我聽到雅莉安娜．哈芬登在紐約的茁壯研討會[23]發表的演說。她的建議震驚了許多觀眾：要完成計畫最好的方法之一，就是拋棄整個計畫。哈，多棒的建議啊！她說自己的待辦清單上，有一項是學滑雪，另一項是學德文，但她決定直接放棄。就這樣，多棒的想法、多大的解脫！

●原諒自己

不要對自己太嚴苛，偶爾錯過一些行事曆上的例行活動沒關係，像是運動或讀書會。成功需要一些犧牲，所以讓自己喘口氣，下次記得去就好！

●邊看電視邊做不用動腦的活動

我得承認，有時候真的很難完全放棄喜歡的電視節目。因此，我推薦利用電視時間做一些必要卻不太需要腦力的活動。舉例來說，我會一邊看電視，一邊回覆那些我幫不上忙的人，把他們轉介給別人。不過我要再次強調，電視不要看過頭，要懂得適可而止。

●外包

外包幫我省了很多時間，外包的範圍很廣，從搜尋受訪者的相關資料、更新網站內容，到基本的記帳等等。外包讓你把自己缺乏效率的任務委託他人，

22 Podcast，類似廣播節目，可以透過網路下載，在電腦、手機等媒體上收聽。

23 Thrive Conference，與會者分享成功的過程，如何對世界帶來影響等。

而價格通常很合理。我通常會在外包網站Fiverr[24]上找幫手，本書的附錄裡也有其他實用的網路資源。

●掌握自己的步調

狀況絕佳的時候，我中午之前只會安排寫作時間，盡可能避免打開任何電子信箱，如果有緊急狀況，對方會打電話通知。早晨是我精力最充沛的時候，順利的話可以寫兩到三千個字；四點以後，我會變成毫無創意的機器人，什麼都很難寫出來。

我們應該找到自己的節奏，發掘自己狀況最好的時候。如果你跟我一樣，就善用早上，而有些人越夜越美麗。趁著頭腦狀況最好的時候處理重要的工作吧！在我還有全職工作時，會很早起床，在六點半之前傳五個想法給我的編輯，或是寫一篇（或半篇）部落格、安排重要的副業會議。接下來的一整天，我會感到安心，因為自己已經完成一件大事了。利用生產力最高的時候進行副業，不要讓運動、上司不緊急的郵件，或是一水槽的髒碗盤打斷你的重要工作。

研究顯示，我們一天最多只有三到四小時的絕佳狀態，可以維持高生產力、充滿活力，稱為「黃金時段」。行為經濟學家丹．艾瑞利[25]相信黃金時段是起床後的兩小時，但我們還是要依照自己的狀況選擇。你可能是夜貓子，不需要因此感到羞愧，要羞愧的是在黃金時段只需要一小時完成的重要任務，我們平常卻花了三個半小時來做。我寫下這句時是早上七點四十七分，如果是下午三點四十七分，我的速度就會大幅減慢。

好好規劃一天的行程，利用黃金時段從事副業，會帶來顯著的不同。當然，也會有其他時機突然出現，例如某個星期天下午五點，你發覺自己有點無聊，坐立難安，無法集中精神。在打開臉書之前，想想看：「有什麼事我一直覺得沒時間，可以利用現在來做？」我會用來寫感謝卡，或是整理浴室的抽屜。做這些事不只讓我心情愉快，也能為接下來幾天省下副業時間。

我時常引用暢銷書《與成功有約：高效能人士的七個習慣》的作者史蒂

24 全球最大的外包網站，外包項目包羅萬象，而基本計價僅要五美元。
25 Dan Ariely，著有《不理性的力量：掌握工作、生活與愛情的行為經濟學》。

芬．柯維說過的一句話：「不要在行程表上排優先順序，用優先順序來排行程表。」

我整理了從企業家朋友們身上學到的秘訣：

- 打電話的時候，可以一邊走動一下、整理東西、清冰箱、摺衣服。
- 關閉手機和筆電上社群網站的所有通知。
- 在回家的車上規劃明天要穿的衣服。
- 等人的時候（在外頭或電話上），整理待辦清單或回覆電子郵件或訊息。
- 吹頭髮或刷牙的時候，可以順便做做深蹲。
- 和朋友一起去做美甲或散步，可以一邊呵護自己、保持健康，一邊維護友誼。
- 一邊處理雜事（跑乾洗店、上銀行、到藥局、慢跑），一邊聽勵志播客。

● 一邊煮菜，一邊用Skype和親戚朋友聊天。

● 遵循兩分鐘法則：兩分鐘之內能完成的事，立刻就做！否則，累積起來的待辦清單會很驚人。

● 每個星期天晚上，花四分鐘規劃下個星期。

確實，我們有時候會感到疲憊，沒有關係。專注在最終目標，加把勁撐過去吧！我的朋友蘿倫．葛蘭特擁有派對規劃公司，她說找到精力來創立副業是最困難的部分。副業可以說是第二份全時間的工作，如何在正職與副業中取得平衡是一大挑戰。有些晚上，我就是沒辦法再面對兩到三個小時的工作，但我咬牙撐過去了，因為我知道自己正往目標前進，還有什麼比這更重要呢？

OVER to YOU

輪到你了！

看看你下個星期的行事曆，找三件可以跳過的事，例如你不想參與的社交場合、不上也無妨的運動課程，或是上班時可以快速完成的雜務。取消，取消，取消！你已經找到額外的副業時間囉！

8

夢想遠大，始於足下

「無論多大的逆境，對我們的打擊都不會比想像的大。我們對結果的恐懼永遠都比結果本身更糟。」

——尚恩．艾科爾，GoodThink的創始人

「用更有建設性的觀點面對生意上的問題，要想『我如何處理得更好？』而不是『好吧，這沒效，打包丟掉吧……』我們總是可以找到很多理由不去做什麼，或是放棄，回到坐辦公桌的工作。從毀滅性的觀點面對問題，幾乎註定要失敗。你遠比自己想像的更能讓夢想成真！」

——瑪麗．基恩道森，How She Made It創始人[26]

如果你很難在工作、家庭、朋友或是外在世界的需求，以及個人的需求間劃出界線，那麼這一章就是為你而寫的。下面是我還受僱於人時，與上司的電

26 該運動關注女性在職場的成功經驗，及遇到的阻礙。

子郵件通信：

主旨：今天

早安，抱歉我今天為了個人原因，必須請假。我下午兩點半有一場會要開，已經延期到星期四。我也會隨時檢查電子信箱，注意A客戶有沒有什麼問題。如果有緊急事件，請手機聯絡。明天見。

誠摯感謝，

蘇西。

回覆：「別擔心，明天見，蘇西！」

哇，看看你請假一天會發生什麼事！什麼事都沒有。我非常訝異，那天沒有人因此而死，這也沒有鬧上晚間六點的新聞。

玩笑說完了，接下來要認真了。如果你想要休一兩天的假，做點副業相關的研究，與一些人會面（銀行的人、想認識的部落客、為你設計標章的設計師），或是好好把書寫完，就這麼做吧。雪兒．史翠德為了完成暢銷書《那時候，我只剩下勇敢》，放下年幼的孩子到森林裡住了三個星期，就是其中一個例子。

有時候，你就是得擠出一點休假時間。舉例來說，訪問克莉絲．詹娜當天，我請了一天假，因為不希望上司強制性的會議打斷我們的電話，或是客戶臨時的需求毀了這千載難逢的訪問機會。

你猜怎麼？你也可以這麼做！就算你暫停了一些義務，也不會有人的生命因此天翻地覆。很多人會想：休假？不可能，我沒辦法。他們的角色似乎太重要，連離開片刻都不行。但即使是美國總統也會休假，有時我們害怕一件事，就會看得太過嚴重，甚至想像出與現實天差地別的結果。

幾年前，我認識一個以從不休假而感到自豪的人。談到我正在規劃假期時，他說：「我從來沒辦法休那麼久。」他在社群網站LinkedIn工作，我問他為什麼沒辦法，他似乎也沒有具體的理由，只說自己正在做幾個重大的計畫。我想告訴他，休假一定能幫助他放鬆，重新充電，而他的同事大概能在他缺席時，幫他應付工作的業務內容。除此之外，工作的重要計畫還會少嗎？

我了解，有時要休一兩天假可能很困難，但你的上司多半一兩個星期就會忘了這事，卻會對你的個人事業帶來深遠的影響。有時候，需要一些新的觀點才能幫助我們繼續前進。

從對於休假的恐懼裡，我們學習到自己如何把生命中的許多事物災難化。我們的大腦總會自動假設最糟的結果，而現實往往截然不同。對於開發新事業的恐懼其實也是一樣的。

因此，就算創業的起步期比想像中還要長，那又如何？或許設備和成本比想像中還要高一些，那又如何？這些都是學習！我們都想零元投資，或用很少的成本開始。經營相當成功的生活網站mindbodygreen的創始成本很低，傑森·瓦荷布告訴我：

我非常相信財務上的不求人[27]，除非百分之百確定如何拓展規模，否則絕不募集資金。不求人會讓你必須專注在打造品牌和理想的產品，並且找到有創意的方式獲利，這些都是成功事業的要素。

你必須學會如何不砸錢來換取成長，而用微薄的資金能達成的事，往往會令你驚奇不已。mindbodygreen 一開始幾乎什麼也沒有，我想提姆、卡弗和我在2007年大概只湊出五千美元。

創業最重要的是熱情，你總是可以找到資金和市場，但如果沒有熱情，你的麻煩就大了。

如果你新架設的美麗網站第一個星期瀏覽數很低（一定會這樣），那又如何？如果《君子雜誌》或大都會網站的編輯拒絕你的投稿（我被退稿了超過兩百次），那又如何？耐心一定會有回報的。我的朋友魯巴回顧創業時，說：「那時我卡在車潮裡，看到一塊牌子寫了『放輕鬆，該到的時候就會到了』。當然，別人的指引和建議都是很珍貴的資產，但我不會因此有不一樣的做法。我想，年輕的魯巴只要好好享受這段旅程就好！」

該如何放開恐懼，享受旅程？「那又如何」是我最喜歡的問句之一，我總

27 原文是bootstrapping，指的是不跟投資人募資，完全靠著自己的能力來支應開銷，常用的方法包括：存款、信用卡、拖延應付帳款、積極催收應收帳款、零庫存等等。

是以此自省。我是個沒耐心的人，這樣的特質有好有壞，讓我總是急著成功，恨不得昨天就已經創造欣欣向榮的事業。但你現在就要記得，成功是需要時間的，這也是副業如此磨人的原因：創業需要時間，你必須一邊上班一邊努力，直到發展成熟，可以全時間投入為止。

我們都經歷過打擊和失敗，這無疑是生命和生意的一部分。我的第一個線上產品只賣出兩組，我朋友在紐約的六十人場地舉辦音樂會，卻只來了十一個人，其中兩個還是她的父母。很多作家一直到第三本、第八本、第十一本書，才算達到一點成就。

人們總是說，旅途就是方式。新產品的推出、第一場派對、前幾本著作會告訴你，還需要做什麼，可以如何改進，下一步怎麼走。不積跬步，則無以至千里。事實上，我認識的大公司總裁就告訴我，他曾經破產兩次！兩次耶！如今，他又在商業界叱吒風雲。他不久前差點又要面臨第三次破產。我不是說你必須寫十一本書或是宣告破產，但挫折在所難免。失敗不是路的盡頭，而是為我們指引下一步的明燈。

如果能克服障礙，繼續努力，人們一定會注意到。媒體公司奧美集團的董事總經理——瑪麗．基恩道森是How She Made It運動的發起人，她也贊同這樣的說法：就算第一、第二，甚至第三次都沒有成功，人們還是會因為你嘗試過而尊敬你，聽起來確實有點浮誇，但卻是事實。

不斷嘗試的人才握有掌控權，而根據我的經驗，機會比較常造訪嘗試的人，而不是光說不練的思考者。

最近，我開始閱讀入圍曼布克獎[28]的暢銷小說《渺小人生》，作者柳原漢雅一邊擔任雜誌副主編，一邊花了十八個月完成。這不是什麼微不足道的小事，也不是意外，而是努力後的成就。如果我們全力付出，收穫往往出乎意料。如果你仍覺得不上不下，或許該做的嘗試就不只是排除過多的社交付出了。

愛迪生說：「如果我們完成所有能完成的事，結果會令自己大吃一驚的。」如果你一天花一小時投入副業，或是兩小時，一週五天，最好的結果是

28 Man Booker Prize，是當代英文小說界重要的長篇小說獎項。

什麼？拿漢雅當例子，我不認為她寫作的時候，會花一堆時間在永無止盡的早午餐約會上！天啊，副業甚至可以幫助我們避免不必要的社交，省下許多錢！你是在賺錢，而不是花錢。不只如此，你還是在投資自己的未來。

要記得：這是副業！當你創業時，還是得好好做幫你支付日常開銷的正職。但這不是拖延或暫緩的藉口，就像基恩道森說的：「我不是依循什麼生涯規劃，比較像目標導向的策略。每到達一個目標，或是在不同的目標間前進時，我就會放眼另一座巔峰。」

我也有類似的策略，會為自己訂定六個月的目標。我認為六個月的長短恰恰好，能讓自己腳踏實地朝著不太遙遠的目標前進。我很喜歡一句中國俗語：「種植一棵供人乘涼的樹，最好在二十年前，但過了那個機會，再來的最佳時刻即是現在這個當下。」[29]未來由現在所創造，所以放開恐懼，放膽起飛。現在就行動吧！

OVER to YOU

輪到你了！

你今天可以做什麼，會對你的副業有益處，或是幫助你擺脫把一切都災難化的習慣（再小的事都沒關係）？現在就做吧！

訂定一張副業的待辦清單，按照優先順序排好，未來的方向和步驟就會自然而然地成形。清單的事項盡量在六點以內，否則可能會覺得難以消受，而每一項都用動作開頭，例如：

- 打給湯尼，問他對網站的建議
- 修改並練習新的電梯簡報[30]
- 寫信給雜誌社的編輯

而不只是：

29 實際上並沒有這句中國諺語，應該是誤傳。

30 Elevator Pitch，指在非常有限的時間內，濃縮並傳達、推銷自己的想法。

● 湯尼
● 電梯簡報
● 雜誌編輯

讓這些動詞激勵你的行動，讓你向前邁進！

9／不要卑鄙手段的銷售殺手鐧

「將欲取之，必先與之。」

——老子

記得，除非你開始賺錢，否則副業都只是興趣而已。如果沒有帶來收入，就不可能有力量改變你的生命。你可以寫很多部落格，放在Instagram上，或是不斷幫助朋友，但除非你的銀行或電子帳戶有收入，不然都還在興趣的領域。你現在讀的不是一本談興趣的書，我們的目標是錢和甜頭。

有些人認為銷售是個骯髒的字眼，但沒有現金流的話，生意根本做不起來。如果只能從這一章學到一件事，那就學如何讓你的產品或服務對顧客來說很有價值吧。在提出任何要求之前，你必須先成為提供價值的一方。寫作是一個好方法，相信我，你不必是完美或傑出的作家，和其他事比起來，寫作更能使你的事業快速成長。分享你的想法、技巧或資訊能讓人們知道你，而且是免費的，可以在部落格、推特上進行，或是投稿網路刊物，也可以提供給比較熱門的部落客，他們時常會刊登訪客的文章。

我寫過很多免費的內容，在擔任收費教練或作家之前，就已經有了一小群讀者。富有智慧的思想家杰爾德．萊昂哈德（Gerd Leonhard）很多年前曾經告訴我，別人的關注是最重要的貨幣，「不要問誰付了錢，要問誰關注了你。」寫作能幫助我們更精確地掌握人們關注的趨勢，根據觀看、分享和評論，就能知道你的文字有哪些內容觸動讀者，他們想更了解什麼部分。只要有渴望、有興趣，就會有市場。網路是完全透明的世界，對我們來說再好不過了。

舉例來說，下面是我寫給編輯的自薦電子郵件，內容很簡單，歡迎大家參考利用！

希望你一切順利，珍妮！

我是哈芬登郵報和mindbodygreen（還有一些其他報章網站）的作家，我的作者專頁如下：

http://www.huffingtonpost.com/susie-moore/

http://www.mindbodygreen.com/wc/susie-moore

我正在寫一篇關於「十個非在法院公證結婚不可的理由：最好的結婚選擇」的文章，分享自己在紐約市政府的結婚經驗，說明這為何是我人生中最棒的選擇，也是二十多歲展開婚姻生活最好的方法。

不只儀式簡單、便宜、浪漫（只是相愛的兩個人之間的事），而且出乎意料地，很多名人都這麼做，像麥特·戴蒙、潔西卡·艾巴、綺拉·奈特莉，甚至連瑪麗蓮·夢露和喬·狄馬喬都如此。

婚禮很容易帶來壓力、家庭關係緊繃，以及債務，而法院公證將省下這些麻煩。你結婚時不必擔心太多，會有更多時間規劃蜜月（和之後要住的地方），銀行也有更多存款讓你投入較長久的享受！

我相信您的讀者一定能從這篇文章中獲得許多。希望您認為這篇文章夠引人入勝，靜候您的回音了。

感激不盡。

蘇西

我在推銷文章（或是任何其他東西）的時候，總是會重複三件事：

1. **引用個人經驗**，人們都喜歡個人層面的連結，也喜歡聽故事。我們天生就喜歡沉浸在故事中。你是否注意過，傑出的講者都以故事來開場？說說自己的故事吧！

2. **我的論點如何帶給受眾價值**。我以二十幾歲時的經驗出發，加上目標受眾大多預算有限，所以能從分享的技巧中「獲益良多」。而針對這位編輯和她的團隊，我提供有趣的相關內容，滿足他們每天對新鮮文章的需求。我沒有說能刊登在這本雜誌上是我一生的夢想（雖然這確實是我長時間的目標之一），也沒有提到我可以從中得到什麼好處。

3. **跟上潮流**，這篇文章正是在名媛金．卡戴珊和歌手肯伊．威斯特在法院公證那個星期刊出的。如果你推銷的點子與潮流主題相符，成功率就會比較高。

真正的成功卻是靠後續的追蹤經營。我後來又和這位編輯聯絡了七次以上，也聯絡了許多從不回覆的編輯。這意味著，為了讓一篇文章刊出，我發了大約五十份電子郵件。最後，我和這間出版商建立不錯的合作關係，幾個月內寫了超過二十篇有酬的文章，也讓我有訪問許多名人的機會。同時，我也獲得籌碼，可以和更多出版商談合作。

從小處開始，但夢想要遠大，不要接受「不」這個答案。或許你想找新的客戶，或是與場館洽談初次舉辦活動的地點，無論如何，面對拒絕的堅持和樂觀都是關鍵。即使寫作不是你主要的目標，也不要因此而忽略了，因為寫作能讓你的履歷更漂亮。

事實上，Spanx公司的莎拉．布蕾克莉說過：「『不』毫無意義。」她告訴我，人們曾經當面撕掉她的名片。訪問她不只過程愉快，也讓我開了眼界。我們通常以為成功者凡事都比我們容易，直到聽了他們的故事，才知道他們忍受了多少失敗和挫折，卻堅持下去，因為放棄只代表你與成功永遠無緣。我個人的經驗證實，人脈和機會比我們想像中的更容易得到，只要你勇敢撒下大網，持續下去就好。

從著名的大型出版公司獲得稿費也大幅提高我的自信心，覺得自己就像個真正的作家。管他的，我一向都是真正的作家！而我越來越看清一件事：無論你的作家、藝術家、自由接案的朋友說工作機會多麼少，其實限制遠比我們想像的低上許多。這不只是投稿文章而已，無論選擇的熱情或副業領域是什麼，只要樂觀堅持，就一定能找到機會。

你必須把自己定位成專業人士

如果知道如何說明、包裝、定位自己提供的（無論是什麼），並且換取自己想要的（例如工作、引薦、新客戶或機會），這會帶來很大的優勢。能被聘僱、得到機會、完成交易的人，通常除了實力以外，也精通開口之道。的確，他們能提供許多價值（否則就沒辦法維持下去），但即便你是世界上最頂尖的成長顧問、瑜伽老師、投資理財顧問，如果沒有人知道你，就毫無意義。

對我來說，沒有什麼比浪費虛耗的才能更令人痛苦，甚至是生氣！我們時常會犯錯，讓自己的才能沉睡，但有些人的狀況特別嚴重。我們知道自己是誰，卻鮮少願意主動宣傳自己。

左轉數位（Turn Left）創辦人費歐娜．麥金儂是我多年的心靈導師，對此她是這樣建議的：「隨時準備好讓自己站出來，不一定要在現實世界，也可以在網路上或人際社交方面。每一次對話，都可能為你創造生意，不管是帶給你想法、人脈聯繫、珍貴的意見，或是一紙合約及交易。」

然而，如果只發展人脈而不投入研究，那終究只是半調子而已；因此，我們應當保持在潮流尖端，並了解競爭者（也是你潛在的夥伴）和大環境的經濟情勢，或是可能帶領潮流、改變局勢的市場影響。

持續追蹤很重要！我有一份名單，每個星期都要聯絡，沒什麼特別的計畫，就只是想維持密切的關係而已。如果能建立真誠而穩固的關係，我相信只要時機到了，你就會得到機會。我推動事業的第一年都是靠著朋友的朋友（新舊都有）、臉書、LinkedIn、慈善工作的人脈和免費的商業社交活動。

最後，如果有人願意花時間傾聽、提供建議、交換名片，或是聽你談論副業的事，記得要表達謝意。無論當下你覺得道謝多麼微不足道，對方都會感受到，每次相遇或聚會都可能帶給你料想不到的收穫。

下面是我十年的行銷生涯學到的方式和技巧，而我在生活許多場域都能加以應用：

- **在提供之前，你必須先確定自己擁有**

清楚、具體並自信地表現你擅長的事物，專注在自己的優勢而非弱點上，才能走得比較長遠，發展也會比較快速。

- **必須用人們能理解的方式說明**

不要把事情複雜化。就算是最頂尖的醫生和科學家，也得用最簡單的方式說明自己的專業，才能讓不同年齡層的人都理解。你能用一句話說明自己的副業嗎？如果提供的訊息太複雜，可能就會失去目標市場的關注。

- **在提出要求之前，先盡量給予**

這個下午，我要去上瑜伽課，對方提供前兩個星期不限上課次數，只要25美元的優惠（如果我每天去，一節課只要3．5美元）。Airbnb的許多屋主一開始為了打亮招牌，也會開出比較低的價格。聰明的公司在賺錢之前會先提供優惠，在網路出版上這更是起步的不二法門，為了要得到稿酬，一開始得先免費大量寫作，累積一些作品集，最好也累積一些讀者（再少也沒關係），架設自己的部落格會是很棒的選擇！

很多人不贊成這一點，我聽過這樣的說法：「為什麼我要在YouTube上面放免費的教學影片？人們應該要付錢觀看！」或是，「為什麼我要提供自己的文章給別人的部落格？我不想把自己的好東西給他們。」這些想法是大錯特錯。

●投資在人身上

投資你的時間、能量，有些時候也投資些微的資金。我最大的興趣是閱讀，因為大量閱讀，也時常向別人推薦好書。許多年來，我有個效果很好的小技巧：如果遇到我喜愛的人、特別想感謝某人，或單純想送個禮物時（我常會這樣，要記得，施比受更有福！），我會送一本書。

可以是實體書或電子書，兩者都很棒。如果對方有Kindle閱讀器，你可以立刻透過亞馬遜送對方電子書。送書很容易讓人感到窩心，特別是對收禮者有用的書。感人而有幫助的書幾乎是無價的，你收到的回饋也是。有些書甚至不超過五美元。除此之外，沒有人會免費送別人東西，所以你的贈禮格外特別，試試看吧！當個願意聯繫人脈、維繫關係的人，這很重要。試著為人們找到機會、建立人脈吧！

●心胸放寬！接受幫助，也坦誠面對自己

費歐娜說得好：「做研究、參加網路上的小組，不要低估專業幫助的好處。我有自己的會計師、財務顧問和成長顧問，能幫助我走在正軌上。然而，你也必須有發自內心的動力，所以好好思考副業對你的意義吧。接著，每天做一點努力來達到目標。我每天都帶著筆記型電腦，隨時寫下一些策略、想法、聯絡人、名字、產品和計畫，創立左轉數位的靈感就出現在印度的巴士上！我的第二個事業的想法從十四歲就跟著我了，但此刻才是實現的時機。」隨時準備好迎接靈光一閃的時刻吧！

OVER to YOU

輪到你了！

想想看，網路上或現實中，如何鎖定願意購買你的產品或服務的人呢？他們都閱讀什麼內容？在哪裡打發時間？腦力激盪一下，想想你可以向哪些網站推銷自己的想法，然後讀一讀網站上的文章。

如果你是健康顧問，或許可以向相關雜誌投稿名叫「關於羽衣甘藍，你所不知道的五件事」；如果你是生涯諮詢顧問，或許可以在LinkedIn上發表「履歷表最常犯的十個錯誤」。這叫做「內容行銷」，在各行各業都很管用。你的潛在客戶在哪，你又能用五百到八百字教他們什麼呢？

10

為什麼要自我行銷？該怎麼做？

「你不必擔心別人如何看你，因為他們沒時間想這些。」

——愛蓮娜．羅斯福

「如果自大狂代表相信自己所做的事、自己的藝術和音樂，那麼從這個角度來看，你可以這麼說我……我相信自己做的事，也會大聲說出來。」

——約翰．藍儂

殘酷的現實是，除了你自己以外，沒有人有義務幫你宣傳。如果因為不願意推動自己的想法，而使燃燒的創業魂陷入沉默的話，你能接受嗎？此外，其他人的心思都被自己的事所佔據，例如帳單、體重、臉書，沒空去批評你的新事業，所以就大膽出擊吧！

我第一次上傳影片時，內心糾結的想法大概是這樣的：

- 「老天啊！每個人都會覺得我很蠢、愛現、自我感覺良好！」
- 「根本不會有人在乎我說什麼！」

● 「天啊，我的損友們會笑破肚皮的。」
● 「我看起來好糟，鏡頭太靠近了，我應該多想一下的。」
● 「一旦上傳，東西就永遠會留在網路上，好像不太安全。」

如今，我定期會上傳影片，每拍一支新影片，就會感到一絲緊張和興奮。哲學家歌德說過：「凡事都是由難而易。」當然，我希望大家喜歡我的影片，但這個過程已經不再膽戰心驚，我也能接受有人不喜歡。

擔任成長顧問時，顧客最常見的擔憂是不願意宣傳自己正在做的事。我可以理解，畢竟起步的恐懼雖難克服，卻不是最後一道關卡，相較之下，公開自己的事業讓人檢視是更大的挑戰。

還是全職員工時，我總會感到心急，彷彿自己還在等待真正的人生展開。實際上它早已開始，我已經找到自己一生的職志，只是沒有勇氣開口談論而已。

我開始逐一告訴朋友們自己正在受訓，並和他們分享我的進修課程。和親近的人分享你的進步吧！朋友們一定會恭喜你並支持你（如果沒有，那就去找新的朋友！）

但朋友們不見得會成為客戶，我必須自己去開發客源。如果無法獲得他人的關注，就辦不到。你必須宣傳自己的事業，自我推銷。就算成為地球上最頂尖的教練、室內設計師、喜劇藝人，如果沒沒無聞，那就毫無意義了。

我每個星期天都發電子報給所有的聯絡人（當然，會提供取消訂閱的選項），至今沒有停過。我會分享喜歡的名言佳句、對生活不同主題的觀點，或是在好書中讀到的故事，口袋名單的作者包含狄帕克·喬布拉[31]、傑克·坎菲爾、詹姆士·阿特切、提摩西·費里斯和瑪莉安·威廉森[32]。本書最後，我也附上相關的佳句，相信也能給你許多激勵和鼓舞。

為了拓展聯絡人名單，我寄信給每個LinkedIn、臉書和推特上的朋友，問

31 Deepak Chopra，是內科、內分泌學與新陳代謝醫學的專科醫師，更是全球身心醫學領域的領導權威與先驅，轉變許多人看待身體、心智、情緒、心靈與群體幸福的角度。

32 知名奇蹟課程講師，著有《發現真愛》。

他們願不願意每個星期收到免費的健康電子報。光是在LinkedIn上，我就在銷售生涯累積了超過三千個聯絡人；因此，不出幾個星期，我的電子報名單就成長到七百人左右。我也在LinkedIn分享自己的文章作品，這能巧妙地讓別人知道我在做的事，在閱讀的過程中，他們也能了解我的諮詢風格。

我希望自己傳的每則訊息都能個人化，讓人感受到真誠，而非罐頭信件的感覺，畢竟我和這些人大都相識。當時，LinkedIn上還沒辦法做郵件合併，進行大量郵寄；於是，我在Brickwork India上僱用了線上助理，幫忙透過個人頁面傳送超過三千份私人訊息。我花了大概幾百塊錢，助理的工時大概是二十五個小時左右。這樣的支出很值得，讓我能一邊集中注意力在有酬的顧問諮詢上，一邊累積訂閱者，不失為提高生產力的良策。

從中學到的是：不要想著當英雄，凡事親力親為。計算一下機會成本，在你試著省錢，而親手做某件事時，真正犧牲了什麼？時間，甚至更多錢。

接著，每隔三期電子報，我就會公告自己開放的諮詢時段，這吸引了許多人。我也更新了推特和臉書的帳號簡介，強調成長顧問的副業，而非全職的企業工作。

如果讀到這裡，你覺得「我也可以」，那非常好，動手吧！然而，如果你害怕接觸那麼多不太熟的人，是時候練習克服了。你或許因為自己曖曖內含光而感到自豪，但學著接受自我推銷是很重要的。

在退縮之前，且聽我分享一個秘密：不管讓你不願意自我推銷的理由是害羞、內斂或是裝酷，都不一定等於謙遜。我們因為不想把自己推到第一線面對批評，所以什麼都不做，甚至用過度的謙虛來偽裝，說：「我不喜歡炫耀。」但這麼做既不勇敢，也沒有任何好處。

若說十年的企業銷售生涯上我學到什麼，就是我們事實上隨時都在賣東西，每個人都一樣。推銷不是油嘴滑舌的房地產經紀人或零售業者的專利，無論是老師、人資專員或是幫忙遛狗的人，其實都是非正式的銷售員。我們每天都要說服、影響許多人，我們的每份履歷、工作自評檢討報告、穿著打扮、精心考慮篩選的社群網站發文等等，每一項都是在持續推銷自己是誰，以及可以提供給世界什麼。所以，為什麼要害怕推銷自己的副業呢？副業的目的不正是要影響他人的生命？我們不應該感到恐懼。

自我推銷已經成為新的常態，所以習慣吧！如果看到有人在網路上分享升官的消息，或事業上的發展，你會覺得不安嗎？我想不會，我們都預期會看到這類發文。如果是真心喜歡發文者，就會為他感到高興。其他人也會這麼對你，假如沒有也無妨，隨他們去吧。

訪問克莉絲．詹娜時，我們對談了一個小時，她告訴我：「有時很難過，世界上有許多人躲在電腦後，在社群網站對別人寫下殘忍的內容。隨著生涯發展，我走出自己的路，有時的確飽受打擊，感到脆弱，但我知道重要的是不要放在心上，重新振作起來。」不管你對她評價如何，她創立了超過十億的事業王國，再怎麼批評都不會改變這個事實。

然而，如果你覺得世界上充斥著卡戴珊式[33]的自我推銷，讓你感到驚恐，你應該也有認識的人或朋友沉浸在社群網站的世界，對自我推銷感到很自在，不妨請他們幫助你吧！

健康推廣網站Greatist的創辦人德瑞克．弗蘭茲萊克（Derek Flanzraich）曾說：「以前，人們不斷告訴我求助時不必覺得丟臉或不好意思，但這很難，我認為求助是軟弱的表現。隨著人生旅途的拓展，我終於領悟到求助的力量。我永遠需要許多幫助，但過去會覺得自己不該求助，要假裝知道答案是什麼，然而，我知道的遠比我以為的少太多。開口求助，是開啟更多接受幫助的機會。」

對於如何建立名氣，你或許一無所知，但只要你開口，你的朋友就可能給你指引。你的副業永遠是你自己的責任，但尋求推銷的建議，或許正好能幫助你更專注在提升產品或服務的價值。

自我行銷意味著只把自己最好的成果展現出來，而你為此負責，也因此得到更多機會。如果新創的網路公司想要找計畫顧問，或新婚的夫妻想找室內設計師，他們會先想到誰？當然是曾經聽過評價不錯的人！不要因為自我意識太強，反而影響了自己的發展和進步。

33　Kardashian，卡戴珊家族是美國著名的名媛家庭，靠著2007年《與卡戴珊姊妹同行》真人實境秀一炮而紅，帶來一季高達一千萬美金的收入。

至於別人的想法呢？詹姆士．阿特切提出「三分之一法則」：三分之一的人會喜歡你，三分之一的人不喜歡你，另外三分之一的人不在乎你，只要聚焦在那有意義的三分之一就夠了！

如何寫一篇電梯簡報

如果你在談論自己的計畫時能感到自在，對事業會很有幫助，這就是電梯簡報登場的時候了。每個副業都需要一篇！不過，到底什麼是「電梯簡報」呢？就是在短時間內簡練地介紹你的產品或服務，最重要的是要很清楚精確，才能吸引人。

想做出好的電梯簡報，有些關鍵要素能幫助你好好傳達，可以參考以下的幾點：

第一，電梯簡報必須回答「你是誰？」這個問題。如果在正式場合或朋友間輕鬆的聚會中，有人這樣問起，你的答案不應該只有名字而已，而是要充滿熱忱地描述自己獨特的技術！

不要害羞，好好介紹你最頂尖的部分吧！如果你想要吸引生意，就一定要有突出的地方。可以從幾個部分著手，先弄清楚你的產品或服務是什麼？你的服務對象？為什麼非選你不可？

不要只報出自己的姓名和職業身分，要具體一點，在介紹中回答這些問題：

- 我的名字是……
- 我的職業是……
- 我的專業是……
- 我的工作是……
- 我最突出的是……

最後，用「請託」或「促成行動」的句子來做結，例如：如果你有認識的人需要這些資訊，歡迎跟我聯絡。

下面提供幾個例子：

我是凱蒂，是個攝影師，專業是拍孕婦照。
我會幫助孕婦發掘自己懷孕晚期最美麗、自然、舒服的一面。
我擅長幫助孕婦放鬆，讓她們的本質透過相機展現在相片中。
你是否有認識的人會需要這項服務？
每個星期二和星期四晚上六點後，我會開放新客戶的諮詢時段。

我是強納生，我是社群媒體專家，擅長Instagram的商業行銷。
我幫助人們用最熱門的社群媒體平台吸引新客戶，發掘平常比較難接觸到的客源。
我的優勢是曾在臉書工作，所以知道一些演算法的內線秘密，在六個月內就讓自己的追蹤人數超過三萬人。
你是否認識對拓展生意有興趣的人？我每個星期六下午都會開放新客戶的諮詢。

我是艾美，是個美妝部落客，專長是抗老方面的保養建議。

我主要幫助超過四十歲的女性看起來年輕至少十歲！

我親自試驗過所有技巧，而且都很便宜，使用過的顧客都讚不絕口，其中還有來自澳洲的客人！

可以看看我的網站，上面有本電子書專門介紹美麗的秘密，歡迎分享哦！如果你訂閱我的電子報，就能收到免費試用品，也歡迎告訴你的朋友！

開始副業以後，我只要有機會，逢人就介紹自己是個成長顧問。認識新朋友時，讓電梯簡報成為你的直覺反應吧！記得，這是你給人的第一印象，所以要簡短、明快、自信！

我很喜歡廣告學的一個縮寫：KISS，代表「Keep It Simple, Stupid! 保持簡單、愚笨！」不要把簡報弄得太複雜，頭腦混亂的顧客不會買東西，切記！也要記得在名片上留下讓人能後續追蹤聯絡的資訊，如果你介紹的對象恰好需要你的服務，一定要確保他們能順利聯絡上你！（現在有很多印刷公司提供線上設計名片的服務，一張名片能有效為你招來實質生意。）

投入「內容行銷」

你可能常常聽到「內容行銷」這個詞，但是什麼意思呢？就是免費創造並分享有價值的內容，期待未來能達成交易，可以是如何整理出漂亮捲髮，或是如何做出完美的夏季沙拉。當今的消費者有太多琳瑯滿目的選擇，為了吸引他們購買你的產品，你必須為他們的生活提供價值，透過分享的東西讓他們認識你。電梯簡報得依靠面對面的交流，但內容行銷的接觸範圍就廣泛許多。

不管是透過部落格的文章、YouTube的教學影片、基礎的網路研討會[34]、免費的試用品，或是免費的入門課程，人們在花錢之前總是會想要先試用過，就這麼簡單。內容行銷能幫你打造熟悉度與信任，卻也很容易出錯。很多部落客在第一篇文章後就放棄了，他們會因為沒辦法在五分鐘內變得有名或賺大錢，於是感到挫折。但你猜怎麼？就和所有的生意一樣，唯有投入時間和堅持（還要至少二十篇文章），才能讓人注意到你。

不幸的是，大多數的人都不清楚如何分配生產與行銷的時間。他們不知道，無論產品的內容多麼讓人驚喜，重要的是得讓人看見。最初的行銷內容吸引了足夠的流量和評價，並為你打好客源基礎後，要記得你的專業和工作是值得報酬的！免費的內容會為你帶來觀眾，卻沒辦法付清帳單。

訂價的建議

訂價至關緊要！常見的兩大風險是：訂價過高或過低。如果訂價過高，會傷害你的生意，讓顧客卻步。你將得不到重要的推薦或生意上的收益，也無法接觸目標觀眾。然而，副業最常見的反而是訂價過低問題。如果訂價太低，你無法獲利，也會讓你的產品或服務顯得廉價。很多人會把「價格」和「價值」畫上等

34 Webinar，由web（網路）和seminar（研討會）兩個字組成，透過網路呈現投影片、音訊或視訊傳達訊息，並即時互動。

號，所以如果你訂價太低，他們會以為產品或服務品質不佳。

這也可能代表「冒牌者症候群」已經偷偷找上你，讓你不敢將價格提高到符合市價的水平。你或許會怕自己不值得，或是沒資格收下別人認真賺來的錢。

鬼話連篇！你提供的東西是獨一無二的。很多人不了解自己時間的價值，時間就是金錢，你的時間很重要，如果你珍惜，其他人也會珍惜。

開始訂價最好的方法是，先了解你的競爭情況：你的產品或服務在市場的價位如何？在品質、專業和經驗上，你的競爭力如何？

調查你的領域裡五到七個評價不錯的人或公司，看看他們如何訂價。你不一定要全盤採用他們的訂價方式，但這些資訊能幫助你為自己訂下合理的收入，就算必須一步一步慢慢提升也沒關係。

我一開始提供的價格是平均市價的一半左右，接著隨經驗增加，客戶需求跟著增加，我也穩定地逐步提高定價。不要覺得自己永遠不能漲價！經驗越多，你的價值就會越提升。此外，隨著客戶和機會增加，你會越來越忙碌，時間自然也就越來越珍貴。

另一個重要的提醒：不要有太多的價格等級！我認識的一位成長顧問有六種等級：鑽石、黃金、入門等等。這會造成決策疲勞，讓人搞不清楚自己到底要選哪一個，所以除非你有其他的特殊需求，不然最多兩種選擇就夠了（高級版和平價版）。

舉例來說，如果你是成長顧問，同時提供電子書和一對一課程，電子書一本可以訂價九美元，而課程則是九十九美元。同樣的原理也可以用在實體產品或諮詢上，高價和低價的選項各提供一項。就算一開始對訂價猶豫不決，還是要選擇對你最有利的形式，相信並捍衛自己的價值吧！

我曾在Instagram上看到一段很棒的文字：「一開始，他們會問你為什麼要做；最後，他們會問你怎麼辦到的。」我就時常聽到這樣的問題，人們聽到我放棄大好前程時都很驚訝，但他們現在會說：「某某公司的總裁付錢尋求你的建議耶！你是怎麼找到這樣的工作的？」或是：「你是如何獲得某出版商報導的？」

很多人覺得「推銷自己」是件可怕的事，所以無法想像其他人會這麼做。但任何事都一樣，只要持續接觸就能夠克服恐懼，例如跑馬拉松、對群眾簡報或是要求加薪。

這是一場持久戰，而唯有你的自我認同是最重要的。你對自己和世界唯一的義務，就是做你在乎的事。你現在有了機會，可以選擇忠於自己的人生，而且永遠都不嫌遲。所以為什麼不把這個消息與人分享呢？

很快的，大家就會想知道你是怎麼創立如此亮眼的副業了！

OVER to YOU

輪到你了！

想三個無論如何都願意支持、相信你的人。當你面對懷疑，或是想推銷自己的時候，就想想這些人，試著借用他們對你的信心吧！也可以請他們陪你練習電梯簡報！

用這樣的信心建立訂價的標準，再三檢查價格是否涵蓋了你時間的價值，不要低估自己。

最後，腦力激盪一下，可以用什麼方式，定期透過內容行銷與觀眾連結？你要用什麼形式或媒介？頻率如何？頂尖的內容行銷專家可能好幾個月都不賣任何東西，這樣才能培養觀眾的信任。

舉例來說，我每個星期都免費送一份勵志電子書給電子郵件訂閱者，你可以上www.susie-moore.com的網站加入，看看我是怎麼做的。每週一封的電子郵件就足以建立起全球性的互動社群了！現在就開始拓展你的收件人名單吧！

11 / 關於失敗，你所不知道的事

「你或許覺得難以置信，但失敗只是幻覺而已。從來沒有人真的失敗過，我們做的每件事都會有結果。失敗只是評價或意見而已。」

——偉恩．戴爾博士，作家

「我們之所以會擔心，其實只是假裝自己有知識和能力控制無能為力的事情。我常會感到訝異，比起單純的無知，我們傾向接受最壞的預測。」

——麗貝卡．索爾尼，作家

你已經知道，我二十歲出頭就被開除過。我不孤單，瑪丹娜、歐普拉、華特．迪士尼、麥克．彭博[35]、馬克．庫班[36]等名人都曾經被不同的工作開除過。然而，我們還是會把「被開除」這件事汙名化。

光是「拒絕」這兩個字就叫人受傷了。特別是當我們真心在乎自己付出的

35 Michael Bloomberg，彭博新聞社創始人、紐約第108任市長。
36 Mark Cuban，NBA達拉斯小牛隊的老闆、AXS電視台的董事長。

心意、努力和想法的時候，沒有什麼事比否定和駁回更讓人恐懼了。我曾經在各種程度和情境下被拒絕，感覺總是很不好，尤其是發生的當下。

對於拒絕，我們通常不了解這只是暫時的，很快就會成為我們的助益，幫助我們調整方向。問題不在於拒絕本身，而是我們當下看不清、也不想看清事情的全貌，只忙著一邊舔自己的傷口，一邊詛咒世界。只有事後回想時，我們才懂拒絕的意義。

有多少次，我們在回顧時會發現，當時的工作、情人、住處並不適合我們，要等到後來才有更美好的事情發生。我自己大概有上百次這樣的經驗，回想起來都會笑呢（也會鬆了一口氣）！

剛搬到紐約時，我與許多人會面談話，請他們喝咖啡、分享資訊和人脈。有意思的是，當時願意空出時間給我的，都是最資深的人；然而，我卻浪費時間在為了其他人的拒絕而不開心，想起來真是很笨。最後，我得到理想的工作，也是進入市場的墊腳石。當初那些拒絕我的人，讓我有機會遇到真正願意僱用我的人。

當我們被拒絕時，很大一部分的原因和我們「本身」無關，只是對方在乎的特質和我們擁有的不同罷了。除此之外，我們認為的拒絕可能根本不是拒絕，只是時機不對而已。馬克・庫班曾經被電腦店開除，從那之後，就再也沒有為任何人工作過。看看他現在的成就吧！

拒絕可能既是最沉痛的打擊，也是最好的當頭棒喝，讓我們好好修正方向。突如其來的拒絕可能像個災難，特別是發生在我們全無準備的時候。然而，成功與失敗其實都在同一條路上，只是成功要走得更遠一些，並沒有所謂的「走錯路」。

你也許注意到，失敗這個主題在這本書裡出現過很多次。雖然你讀的目的大概是想要成功，但我們必須談失敗，因為在投入副業的過程中，一定會經歷挫折。有點沮喪是自然的，但重要的是，不要低落太久，不要在心中留下永遠的陰影。

以下是我最近的失敗：

- 我忘了在幾篇全球分享超過十萬次的文章裡附上網頁連結（讀者會因此

找不到我，錯失許多機會）。如果你曾經做過網路生意，就會有點概念，我錯失了多少潛在的生意機會！

● 架設網站時，我花了太多時間在過時的網頁版型上，很快就因為安全和更新問題，得推出新的來代替（所費不貲啊）。你可以用我後面提供的免費資源架設網站，很多企業家的事業都是從零元開始，全心投入！

● 有本書我寫完了70％的內容，雖然其他人覺得不錯，我自己並不滿意，所以決定不出版，白費了多少時間啊！

● 我推出了第一項網路產品，告訴夥伴四月會開賣，實際上卻拖到十月。

我曾經同時做太多事，或是把力氣花在錯的地方。有些課程我只上了一半，有些時機不太對的計畫，我也暫時壓下。我花了很多時間，才領悟到寧願東西少一點，鑽研深一點的道理。只有直覺會告訴你什麼是對的，所以好好傾聽吧！準備起步時，同一時間最多只專注在一到兩件事上，等事業上軌道之後再慢慢增加。你已經有白天的正職了，所以在副業時間，集中度很重要！

當然，我也會惋惜浪費的力氣、時間和金錢，但這都是學習的過程，況且生意本來就會有點虧損啊。這就是為什麼我建議你，在設計名片、網站，或是任何需要花錢的設備之前，先找到付錢的客戶。特別是在最初的幾步，你還不需要他們。

這也是副業的另一個好處！你已經有正職收入，所以比較能承擔小型的經濟損失。就算投資的網站設計不滿意，或是佳節的獎金差強人意，都不會對你造成太大的打擊。

「一次次嘗試，一次次失敗。屢試屢敗，但即使失敗，敗得更精采。」

——愛爾蘭小說、劇作家山繆・貝克特（Samuel Beckett）

我很喜歡分享某家大型電子出版社拒絕我的故事。我非常想為他們寫稿，找過編輯好幾次，卻都沒有結果。一兩個月以後，他們似乎是透過與其他出版社的合約協議，刊登了我的一些作品。

那篇文章被分享了許多次，也讓我的電子報增加上百個訂閱者。我告訴自己：「太棒了！趕快再聯絡編輯，我還有許多類似熱門文章，看他們需不需要。」我寫了電子郵件，結果收到拒絕。

有時候，你最大的希望就是不會成真，但還是有許多機會，所以努力看看吧！大海裡有很多生物，就算你只想抓一種魚，還是撒下大網比較好。

我也很喜歡傑克．坎菲爾在《成功法則》裡的一個段落：

聖母大學的行銷專家赫伯特．杜魯發現：

- 44％的銷售員在第一次打給潛在客戶之後就放棄了。
- 24％在第二次放棄。
- 14％是第三次。
- 12％在第四次打給潛在客戶後放棄。

這意味著，94％的銷售員會在第四次電話後放棄，但60％的買賣卻是在第四通電話後發生。這項統計揭示了，94％的銷售員在面對60％的潛在買家時，並沒有把握住機會。你或許有足夠的能力，卻也得有毅力！如果想要成功，你必須一直問，問，問！

如果問那94%的銷售員他們的銷售生涯如何，會得到怎樣的答案呢？他們大概會說自己失敗了，但絕對沒有，只是太早放棄而已。我身為成長顧問，最難過的就是看到有人因為失敗而感到絕望，然後放棄。你永遠不知道自己距離突破有多近，伍迪．艾倫說過：「到場，你就成功了百分之八十。」所以現身參與吧！

在副業中遇到拒絕時，你要提醒自己不孤單，連安娜．溫圖[37]也被《哈潑時尚》開除過。她是這麼說的：「每個人一生中都應該至少被開除一次，因為所謂的完美並不存在。」

歐普拉在擔任晚間新聞記者時曾經被冷凍，說她不適合上電視；麥可．喬丹被高中籃球隊除名；華特．迪士尼被地方報紙開除，因為編輯說他沒有想像力。

對我來說，被開除讓我知道自己不適合什麼，並重新評估長處。我後來的職涯充滿成就感，簡直棒極了。我需要一記當頭棒喝，才能徹底脫離完全不適

37 Anna Wintour，時尚女帝、美國版Vogue雜誌總編輯。

任的工作。

J. K.羅琳的第一本《哈利波特》曾經被十二間出版社拒絕。十二間！你上次嘗試這麼多次是什麼時候呢？

在哈佛2011年的畢業演說中，她如此談論失敗：「生命中的失敗無法避免。只要活著，就難免有不順利之事，除非你小心翼翼，甚至到人生乏味的地步。若是如此，那你其實無異於失敗。」

很多讀者的來信都談到害怕自己無法完全發揮潛能，擔心人生中做錯選擇，每天做著不符理想的工作，覺得好像背叛了自己的天賦。

這是讀者傳給我的訊息：

我最近搬到美國，希望能有更多機會和可能性，釐清自己在職涯上到底想追求什麼。我有很多興趣，所以一想到要選一個就有點難過，覺得自己好像會因此忽略了其他的。我最近在某個企業工作，會利用晚上和週末來探索。

你猜怎麼著？副業會是最實際、最可行的好機會，讓你追求許多的熱情。你可以多方嘗試，開創出好一番事業，而唯一可能的失敗就是躑躅不前。

就像羅琳說的，如果你什麼也不做，「無異於失敗」。行動永遠比不行動好，只要相信這一點，試著發揮自己沉睡的潛能，就一定能有所成就。過程中，你必須做一件重要的事：（盡可能）對其他人的想法不放在心上。

當我問起如何克服失敗的恐懼時，Greatist的德瑞克告訴我，「我不確定自己能否做到，因為我還是會在意。只是不讓恐懼阻止我，而是成為動力，把一切都視為學習的一部分。我很有信心，也堅決地想為世界帶來改變，不會讓任何事物阻礙我。我幾乎都是把事情搞得一團糟才學到教訓的，有時候還搞砸好幾次。我希望自己不要那樣，但事實就是如此。我想，成功不是不犯錯，而是好好處理犯下的錯誤。」

千真萬確！如果沒有第一段婚姻的慘痛經驗，我也不會認識現在無法挑剔的丈夫；如果沒有被第一份工作開除，我也不會展開十年的成功行銷生涯；如果不是因為討厭的前老闆，我也不會有勇氣辭掉工作，成為全職的作家和諮商顧問。請試著在失敗中看到光明的一面，總是有的。

OVER to YOU

輪到你了！

想一個最近個人或工作上的失敗，思考是否能運用這個經驗，從中更了解自己？失敗很有價值！不要讓個人或工作上的挫折對你帶來負面的影響，將它們當成學習和成長的機會吧！

12

如何運用才能來賺錢

「對你來說輕而易舉的，很可能令他人稱奇。」

——德瑞克・席佛斯（Derek Sivers），企業家

「最好的方法，就是去做。」

——愛蜜莉亞・艾爾哈特[38]

當我們想到興趣時，鮮少認為能從中賺錢。通常，我們會覺得那是閒暇時間才做的事，不一定要有什麼好處或利益，像是打高爾夫球、教寵物新把戲、寫詩或是在eBay網站上賣骨董。有時候，我們只是想找點樂子，例如自由自在地編織，不去想每天要完成多少進度；我們也可能喜歡上瑜伽課，卻不希望有壓力要表演還沒練熟的困難動作給別人看。

又或者，如果你是個厲害的廚師，可能只想把才華留給愛的人，甚至不一

38　美國第一位獨自飛越大西洋的傳奇女飛行員。

定想為別人而煮。但如果你願意，想想有多少人想學做菜，想享受你的廚藝創作，市場一定很可觀吧！瑪莎．史都華[39]一開始只是地方的外燴師傅，而貝欣妮．芙藍克[40]從貝欣妮烘焙起家，販賣配送自製的糕點。

我們應該找到願意發展成事業的興趣：要能持續努力下去，就算規模成長，需要投入更多創意、時間和力氣，我們也不會心生怨懟。

成功的關鍵是善用資源，而最好的方法就是利用你的人際網絡，影響力會出乎你的意料。前一章提過，不要怕讓你的人脈知道你在發展事業。在社群網站上發文談論你的副業，和每個遇到的人分享電梯簡報，建立聯絡人清單，分享你的最新進度。

大部分的人都會支持你的。這段時間來，企業客戶成了我最大的支持者，有些甚至前來尋求諮詢（我發現有些人已經有了副業，或者是躍躍欲試）。

再次強調，副業與興趣最大的不同是會帶來收入。我的諮詢客戶中，很多人一開始花太多時間擔心網站和名片的問題，而不是積極開發客源，我自己在擁有網站或名片之前，就已經每個月賺進上千元的額外收入了。網站和名片的確可能是有幫助，但無法取代你對副業的態度。

我也有拖延的壞習慣，像是等了許多年才開始寫書、坐等訪問的機會。我得承認，就連這本書的出版也進度緩慢（晚了六個月），但我還是完成了。

下面是我在尋找成長顧問的客戶時，寫給朋友們的電子郵件。當你想聯繫其他人時，可以參考參考：

大家好！

請見諒我用群組發送這封信。

你們也許還不知道這件事，但我目前正在紐約大學修課，準備取得個人指導的證照。在取得證照的同時，我已經準備好吸收經驗，服務新的客戶（收費很合理）。

我希望能優先指導陌生的客戶，所以想請大家幫忙，問問看是否有認識的人對這樣的活動感興趣。每個星期一小時（面對面或電話都可以），一共

39 Martha Stewart，美國生活品味大師、專欄作家。

40 Bethenny Frankel，美國電視明星、生意人、作家，建立飲料公司Skinnygirl Cocktails。

六週。我充滿熱誠，想幫助願意提升人生的人。

我會在十一月十八日之前打給你們介紹的人，進行十五分鐘的談話，看看是否合適。如果你們知道有誰感興趣，希望能盡快給我對方的名字／電話。有些人之前曾回覆想接受我的諮詢。若是如此，可以給我聯絡資訊，我再幫忙介紹給我的同學。

我對這個領域很有熱忱，也相信所有人都一定能從中收穫滿滿！期待收到回音，非常感謝！

蘇西

從你現在的位置，用你所擁有的開始。快速展開成功副業的秘訣，就是把消息傳出去，接獲訂單或服務需求後就著手進行。很多人誤以為需要很多錢才能創業，他們會告訴我：「你在之前的職業生涯裡存了不少錢，要投資自己的事業一定很容易吧！」但我最初的創業成本是零元，分毫不多。

甚至在開始副業以前，我就訂下必須自給自足的條件，在投資任何一分錢之前，必須先找到付錢的客戶。我知道如果副業無法自給自足，就不可能拓展出足夠的規模，在不花老本的情況下讓我辭掉正職。

你不需要辦公室或工作室。舉例來說，只要透過通訊軟體或在咖啡廳裡，就可以幫人修改履歷；你可以在家裡或公園教人如何訓練小狗；你也可以成為接案的網頁設計師，在任何地方工作。

我的朋友安柏是攝影師，每個月可以賺超過四千美元，成本大概只有與新客戶會談時的咖啡點心錢而已。她還可以選擇工作時間和工作量，在試著平衡正職和攝影事業時，她時常休假，也會推掉負擔過大的案子。她也會確保自己的價值，從不免費工作。雖然免費提供服務可以是讓你踏出第一步的技巧，但維護自己的價值也很重要，因為唯有如此，其他人才會重視你。

仔細看看你的周遭，有誰能加進聯絡名單嗎？是否還有人脈可以運用？以前的同事、大學同學、小孩朋友的父母？你的另一半能幫忙引介朋友嗎？要記得，這個世界需要你的產品或服務，所以不要害怕去分享！

雖然社群網站能幫忙提升產品知名度，卻也是雜訊很多的平台，而且廣告費相當昂貴。每個平台使用的運算法都不斷改變，而變化莫測的使用者喜好也讓經營社群網站成為一大挑戰，越來越難和已經建立一定口碑或影響力的品牌競爭，花費也越來越高昂。

我知道在社群網站上擁有眾多追蹤者感覺很好，也確實有人靠著業配圖文、推文和影片賺進許多錢。如果你願意花心力隨時更新社交平台的資訊，滿足閱覽者的需求，那麼社群網站確實有發展空間。

假如你的專長技術是設計或攝影技巧，而目標客群又熱愛使用社群媒體，那麼當務之急就是在社群網站盡可能吸引追蹤者。但對於其他跟視覺呈現無關的副業項目來說，傳統的電子郵件、電子報宣傳會是比較好的選擇。

有趣的是，美國許多行銷人員相信，電子郵件行銷的利潤幾乎等於網頁廣告、網站和社群網站收益的總和！電子郵件的使用者幾乎是臉書加上推特的三倍之多，不知道你是否注意過，大部分社群網站行銷的最終目標，其實都是得到使用者的電子信箱！

這就是為什麼建立跟維持收件人名單如此重要了。不管社群網站的氣氛和環境如何，也不管汰舊換新了多少應用程式，透過電子郵件，你和閱聽者都能保有最有效率的聯絡方式。但這不代表你得放棄對社群網站的付出，只是對於副業來說，電子郵件有不可思議的強大助力。

有些事能幫助你建立名單，提升品牌的社群網站曝光率：

- 寄發邀請給已經在你社交網絡中的人（社群網站或電子郵件聯絡人）。小叮嚀：除非對方主動申請加入，不然在新增收件人名單之前，一定要徵詢對方的同意。
- 若有商業合作或曝光的機會，記得留下連結讓人訂閱你的網站或電子報。除非有利益衝突，否則大部分的合作廠商都會樂意讓你這麼做。
- 在你的網站上放明顯的「訂閱」或「加入」頁面。要知道，很多人就算再喜歡你的網站，還是會懶得訂閱，所以讓頁面越醒目越好。
- 設計「訂閱禮」。很多人聽到會有點不安，但這是很公平的交易。有人願意給你電子郵件？立刻回報他們吧！下次上網的時候注意一下，幾乎每個想要你電子郵件的網站，通常會給一些好處作為交換，可能是最新的股市報告，或是免費的格鬥術教學影片。

● 妥善維護收件人名單和潛在的訂閱者。你要把名單上的每個人都當成潛在的客戶或生意夥伴來對待，所以在開口要求回報之前，請先持續定期透過電子郵件提供有價值的內容。（請注意，這也是很多人會猶豫的點。）

雖然很難看出直接的結果，但即使不是以網路為主的事業，也能因網路而獲益。以髮型設計師為例，你可以每個月發送教學影片，或固定在Instagram上張貼作品，展示最流行的髮型，或教大家如何綁出好看的約會髮型。

提供有價值的內容會讓人覺得：「我真的很喜歡這個人，想來支持他的工作室／沙龍／課程。」這不就是最棒的內容行銷嗎！可以讓潛在客戶更認識你，並營造出你的專業性，假以時日，你的客戶就會不斷增加了。

舉例來說，這本書的出版是由我朋友漢娜幫忙編輯的。她原本是我朋友的朋友，在寫作過程中提供了很多幫助和建議，包含如何與公關團隊合作、安排採訪名人，以及如何寫出吸睛的破題句等等，非常專業。

我們是在野餐會上認識，因為都喜歡看書寫作而結為好友。她是頂尖的自由編輯和作家，副業的一部分就是幫我完成這本書。曾經有一次，她請我為紐約的女性媒體人俱樂部舉辦願景板的活動。在過去幾年裡，我們數次僱用對方，這代表什麼？有能力的人到處都是，所以出去認識別人吧！不斷培養自己的人脈，雙方都會因此有所收穫的。

舉例來說，我讀了成長顧問史蒂芬妮．聖克萊兒的作品以後，先透過推特認識她，後來她搬到紐約市，我們成了真正的好朋友。能認識與你有共通點的人，感覺很棒。我問她對於想發展副業的人有什麼建議，她很真誠地說：

給自己兩年的時間，在財務上完全自給自足。第一年幾乎完全要花在建立客群，讓他們相信你、記得你，甚至對你有點著迷。為此，你必須提供許多服務，包含寫作、影片、在社群網站上分享免費內容、發送客製化訊息等。你幾乎得不計較金錢，不斷付出。

過程中你可能會很生氣，覺得自己是不是做錯了，或認為顧客很「摳」，不願意花錢。但實際上，你是在建立和培養信賴關係。情勢會在某一刻發生改變，但你無法控制改變的時間點，所以認命努力吧。某一天，你會發現自己不用再那麼狂熱地工作，而收入卻是一開始的兩到三倍，一切都會是值得的！

她是對的。訂閱我每週日免費健康資訊的人，如今都固定請我諮商。只要持續付出，打下基礎，就一定會有新的機會！

多元收入來源的重要性

關於創立副業，我總會告訴客戶一件事：一開始的時候，必須有意識地增加收入來源。你的副業能抵銷主業收入變動的風險，同理，多元的收入來源能分散生意起伏和客戶需求變化的風險。

也要記得，當你渴切需要現金時，就無法展現最佳表現。一旦錢成了問題，你就會感到壓力，沒辦法自由地發揮創意。收入越多，就能有越多創意，面對新的機會時也有更多選擇。這就是為什麼副業如此吸引人，所以好好保護自己的現金來源，盡量多元化！

隨著你的事業成長，多元的收入來源能讓你選擇最想關注的領域（出於興趣），以及必須關注的領域（出於生意考量），並因此拓展或縮小規模。

有些收入來源可能是被動的，像是販賣產品、電子書、線上課程，或是你投資的房地產的租金收入，甚至是擔任中介人的佣金收入。

下面是我賺錢的一些方式（沒有按照特定順序）：

- 我的部落格（透過Google廣告）
- 擔任成長顧問的一對一生涯輔導
- 小組輔導課程
- 為大型出版社撰寫文章
- 為其他公司或成長顧問擔任介紹人
- 行銷方面的訓練和諮詢，提供創業建議
- 販售網路課程「簡單創立副業」和「如何在三十天內加薪」
- 這本書！

● 以信心為演講主題，擔任大型公司的講者

● 主持願景板派對等活動

然而，我得提醒你，當我還是全職員工的時候，為了避免一根蠟燭兩頭燒的情況，所以只專注在第二和第四項，其他的項目都是後來才加上去的。從一個項目開始，順手了再陸續增加！

在結束財務這個主題之前，我想分享詹姆士．阿特切對於多元收入來源的看法。他認為，找個安全的企業工作，為退休金儲蓄，替別人賣命幾十年直到退休，這樣的人生規劃已經過時了。

我們不應該再循著傳統的道路，想著只靠歷史新低的薪資自我成長，保守地把錢投資在收費高昂的股票計畫上，或是花在難以轉手的房地產，還要付許多額外的維護費用。他提出了嶄新的想法：我們應該先投資自己。

誠如阿特切所說：

> 很不幸的是，薪資不斷下降，而通貨膨脹的腳步卻沒有停。十八到

三十五歲的人的平均薪資從１９９２年的３６００美元，一路降到現在的３３００美元，未來只會更低而已。

同時，我認識的人裡過得比較好的，都有多元的收入，而且有超過一項職業。通常他們的工作都與實際經驗相關，而和教育無關。

「那麼藝術呢？」我懂你的疑問。你可以在學校學到藝術和人文，也能有許多社會經驗。但現實是，全美國的學生貸款已經累積超過一兆三千億元（還在持續增加中），其實有很多更便宜、安全的學習方式，既能讓你充實自己，對於未來有價值（而且還不需要背債），對於社會也有正面影響。

每個社會為了規範其中的成員，都會建立自己的「信仰」。我不是教你拒絕相信，其實有不少教條還是很不錯的。但隨時保持懷疑，確保當意外發生的時候，你能先保護好自己。唯有幫助自己，選擇自己，你才能幫助更多人。

當我離開大企業的高薪工作，全心投入副業時，可說是違反了許多常理。傳統上會認為我的舉動很冒險，但有的時候，遵循常理反而是最危險的選擇。

OVER to YOU

輪到你了！

研究一下在你感興趣的領域工作的人，看看他們的網站上「與我們合作」或「活動與課程」的部分。有什麼讓你心動嗎？你可能會看到很多生意方面的選項，例如收費的互動服務、書籍、活動門票、網路音樂下載等等。

如果是瑜伽老師，或許會提供深度的避靜旅遊、個人課程、團體課程，偶爾則會有免費的夏季戶外課作為內容行銷；寵物美容師或許會收額外的到府服務費用，或提供不同程度的保養療程；個人造型師可以提供一次性的衣櫥諮詢，或是更密集的衣櫥規劃諮詢。

注意一下，什麼內容讓你感到興奮、帶來靈感？要記得，如果你的領域充滿競爭，這證明市場存在，是件好事！用這次市場調查來激勵自己，了解開始發展副業時，應該要首先注重哪個收入來源。

加分的小技巧：只要有機會，就和其他的副業創業家或企業家合作，找到自己的夥伴。你的社群越大，就越容易有好事發生。你有認識的人已經在你感興趣的領域發展了嗎？腦力激盪一些名單，聯絡他們，看自己能提供什麼互惠的資源。你的人際網絡越廣，往後想要和你合作的人就會越多。

13

為什麼必須發展副業？心靈上的需求

「不完美地走自己的命運，比完美地模仿別人的生活還要好。」

——《薄伽梵歌》[41]

「發揮自己的熱情，向世界展現你人生的意義……不要在演奏出自己的樂曲之前，抱著遺憾離開。」

——偉恩．戴爾博士，作家

「你的心在哪裡，你的寶藏就藏在那裡。」

——保羅．科爾賀，《牧羊少年奇幻之旅》作者

退後一步，從宏觀的角度來看，你的人生如何呢？或是想像你八十歲了，躺在床上，思考自己的一生和做過的選擇。古希臘人每天「練習死亡」，

41 Bhagavad Gita，簡稱《梵歌》，是印度教三大聖典之一。

因此能用更宏觀的態度面對每天的生活，這個習慣影響了他們的思想、行動和行為，不再為日常瑣事憂心。而近幾年南韓人也流行參加自己的模擬葬禮，希望更加感恩珍惜生命。

在《你遇見的，都是貴人》這本書中，擔任安寧照護員的作者布朗妮・維爾描述許多病患在最後的日子裡，最大的悔恨就是一輩子都照著別人的期待生活，而不是自己真正想要的樣子。相反地，如果能發揮自己的天分和才華，通常就不會留下悔恨。

我們內心深處都知道，沒有比追求真正所愛的職志更讓人鼓舞的了！布朗妮自己也是感受到人生應該有更深層的意義，才決定成為安寧照護人員。為了找到人生的意義，有些人成為志工，或是投入宗教，但也有人像布朗妮一樣，成功把人生意義融入每天的工作中。

對所有我指導過的人來說，生命最美好的時刻在於選擇相信自己，賭上一切。「選擇自己」意味著做真心熱愛的事，而不是應付上司交付的任務，或滿足其他權威人物對你的期望。一旦踏出對你指手畫腳的社會結構，就能開始選擇自己想做的。你的閒暇時間就是為此存在！人生是自己的，選擇也是，所以為自己而活吧！

當你看見人生的全貌，就能做出更深思熟慮的決定。史帝夫．賈伯斯在2005年史丹佛的畢業演說中，有一段話總是令我起雞皮疙瘩：

幫助我做出人生重大決定的，是謹記自己很快就會死去。面對死亡時，幾乎所有的事都會褪色，所有外界的期待、驕傲、對於失敗或丟臉的恐懼都會消失，唯有真正重要的事物會留下來。

只要記得人們難免一死，就能不落入思考的陷阱，認為自己可能會失去什麼。我們早就一無所有，所以沒有任何不去追尋真心的藉口。

如果想要改變世界的念頭讓內心蠢蠢欲動，我們最好的選擇就是開創自己的副業。我看過許多客戶在踏出第一步之後，得到美好的收穫，於是如此深信。

選擇把自己的熱情發展成事業，就能改變你的生活目的，不再需要為老闆效力，而是成為自己的老闆。你可以得到想要的人生，不再汲汲營營地滿足付你薪水的人，而能專注在自己的需求。

做出改變的好處不只是收入來源增加而已，也會讓你更珍視自己的時間和精力。（如果一直感到挫敗和壓力，創業怎麼可能成功呢？）發展副業能讓你充滿活力，因為你必須將照顧自己視為第一要務。

有鑑於此，mindbodygreen的傑森・瓦荷布會定期冥想。冥想對我的影響也很大，有助於對抗壓力，提高創造力和集中力。How She Made It的發起人瑪麗・基恩道森也有一樣的看法，認為一天至少冥想一次，就能幫助你淨空心靈，專注在當下。冥想能幫助你重新開機，每天重新釐清自己的優先順序。MNDFL的創立人愛莉・布洛斯也是冥想的擁護者，她的副業就是成立冥想工作室。

對於創業新手，她的第一個建議是：「先處理好自己再來處理事業。人是群居動物，很多時候確實需要一群人才能完成事情。勇敢尋求他人的協助吧，無論是冥想老師、治療師、成長顧問或是朋友，都能帶來很大的幫助。」

你會發現，把自己的熱情發展副業，帶來的最大好處不只是金錢，更能提升你的生活品質，實現理想，帶來人生目標，脫離汲汲營營的名利追逐。當你認真看待自己的理想和才華，代表你肯定了自己的價值，請不要向犧牲生活品質的加班妥協，或是因為不想踏出舒適圈而放棄能自由選擇的人生。

冥想、瑜伽、自我肯定句或寫日記等自我療癒法都大有幫助。別忘了，投入副業是對自己負責的承諾，照顧自己是你的責任。用正面的能量好好照顧自己，滋養創造力吧！

我最初指導的一名學生告訴我：「蘇西，當我在廣告公司工作時，其實都偷偷在研究時裝和復古首飾。」她的熱情顯而易見，總是在週末時投入時尚設計，在Instagram上追蹤設計師，用有限的預算將自己打扮得很時髦。她只需要退後一步，看清這一點就行了。兩年過去，如今她利用晚上和週末擔任個人造型師，計畫在客群穩定之後，轉為全職工作。

容我再問一次，投入副業最糟的情況會是怎樣呢？

她可能不喜歡這份副業，或是找不到客源。她可能做不來繁瑣的事務

（會計、稅金、網站管理等等），也可能會想念原本穩定的正職工作。所以又如何？若真是這樣，她可以再回頭找原本領域的工作（薪水或許還更高）。

那麼，最好的情況呢？

她做自己真心喜愛的工作，並一手打造成功的時尚品牌。她出版時尚方面的書，與頂尖的時尚大師結為朋友。她可能有許多名人客戶，還創立自己設計的珠寶品牌。誰知道呢？可能性有無限多種。女詩人艾蜜莉・狄金生寫道：「我居於無限的可能性。」我的客戶如此相信，而如果你邁出第一步，你也做得到。

有個朋友問我最近的工作量如何，我愣了一下，很久沒有想過這個問題了。我的答案讓朋友和自己都嚇了一跳：「我的行程永遠滿檔，卻不覺得自己在工作。」這是因為，過去我還是個上班族時，很討厭無意義的加班，或是出差回家得太晚，錯過與丈夫的晚餐時間。

我覺得現在這個答案挺好的，彷彿老天對我眨眨眼，暗示我正走在正確的路上。我雖然忙碌，卻不是在工作，還有什麼比這個更好的？

OVER to YOU

輪到你了！

請想像八十歲的你，寫一封信給現在的自己，開頭是：「親愛的我，很高興我這一生從不害怕，很感激我自己……」接著，以回顧的角度，寫下自己內心深處所有想做的事。

在跟內心這個更有智慧、成熟的自己對話時，記得問一些好問題：

- 我真的、真的、真的想要的是……
- 我有所保留的是……
- 現在，我要恭喜自己有勇氣去做……
- 我應該真誠面對自己的部分是（就算與別人的期望相悖）……
- 讓我覺得充滿活力和喜悅的是……
- 我該如何讓自己的快樂和需要成為第一要務……

不要有所保留，就算感到不安，也要坦誠面對。答案可能不只是你現在的工作或工作帶來的影響，但我相信一定包含了你真正的熱忱。

14

為什麼必須發展副業？實際上的好處

「做自己必須做的，直到你能做自己真正想做的。」

——歐普拉

「嗯……我為什麼不行呢？」

——明迪．卡琳，演員、作家[42]

「沒有發揮的創造力並非無害，而是會放大成悲傷、憤怒、批判、痛苦和羞恥。人是充滿創造力的生物，擁有與生俱來的創意，卻在人生中因為羞恥感而漸漸流逝。」

——布芮尼．布朗，《不完美的禮物》作者

好的，我們談了心靈方面的好處，現在來談現實方面的細節吧！希望我前面已經說服你，人生在世的時間有限，有太多創造力和才華潛藏在體內沒有發

42 Mindy Kaling，擔任影集《怪咖婦產科》（The Mindy Project）的編劇暨女主角。

揮，所以我們應該採取行動來滿足內心的渴望，讓生命更有意義。

我們必須把握這樣的渴望，好好地滋養培育，看看會發生什麼事。不這麼做對身心健康有害，不只如此，也有其他許多實際的理由，其中之一就是前面的章節所提到的，能增加你的收入來源。來複習一下吧！

以下是一些關鍵的理由：

- 能對抗經濟的不確定性，特別是當今已經沒有所謂的鐵飯碗。
- 賺更多錢，讓你可以安心地每天喝外帶咖啡，繳貸款，或是去度個假。
- 你可以學會關鍵的技術，例如行銷、銷售、談判、人際網絡、文書軟體、建立客戶管理系統，以及基礎的會計和稅務。在你有能力辭職之前，這些技巧對正職也會有幫助！
- 副業的創業成本可以相當低，我自己剛開始連網站、名片或辦公室都沒有。我一小時收費一百元，透過自己的人脈網絡接觸潛在客戶，提供諮詢時選在咖啡店或是用Skype，我甚至設法說服公司補助進修費用。只要你敢開口問，就會發現有許多過去不知道的經費補助。

- 你可以把副業完全排進時間表，好好利用晚上和週末的時間。一旦你領悟到能力取決於心態，就會發現自己能利用的時間無限。
- 網路上的資源很多，不要找藉口。你可以在99designs、Fiverr、Upwork和Freelancer.com等網站上自由接案（我最近就讀到有位女士靠著配音，從一開始的副業，到現在每個月能賺九千美元），內容包含編寫網站介紹、書封設計以及翻譯等等。
- 你可以存到錢！想想吧，如果你額外的時間都花在創業上，就沒空上酒吧、去百貨公司的大拍賣或是拚命買網購。
- 等到你副業的收入追平正職收入（甚至超過），就可以告訴老闆你不幹了。
- 你或許能發明、創作、製造出人們需要的偉大事物。
- 不像目前（很可能）發展有限的職涯，副業能為人生帶來無窮的機會，沒有升遷瓶頸或薪資上限！

如果你還不相信，那麼想想莎拉．布蕾克莉吧！她一邊全職賣傳真機，一邊創立了Spanx公司，一直到Spanx成了歐普拉最愛的品牌，她才辭去正職。卡勒德．胡賽尼在醫院全職工作時，寫出了暢銷書《追風箏的孩子》。麥克．貝瑞[43]在史丹佛醫院擔任住院醫師時，利用輪班的空檔鑽研投資的興趣，不久便離開醫界，全心追求副業。他創立避險基金，因為成功預測次級房貸危機，而賺進數百萬元。暢銷作家麥可．路易士以他為主角寫成《大賣空》，後來還改編成同名電影。

如果你覺得自己沒有成功的條件，再好好想一下！《享受吧！一個人的旅行》的作者伊莉莎白．吉兒伯特是我的心靈導師（雖然她並不知道），她曾在大都會網站的訪問中說道：

> 我現在四十六歲了。回顧二十多歲時的那些朋友，有些人當時似乎擁有無限的力量和可能性，到頭來卻一事無成；有些人我當時看不上眼，後來的成就卻讓我大開眼界。對我來說，世界上最無聊的問題是「誰有天分而誰沒有」，因為這從來不是重點。我們永遠無法預料，也沒有任何客觀的標準能判斷到底誰有天分。

唯一的判別方式是他們達成了什麼，以及帶來的人生價值。我不知道自己有多少天分，但我知道自己比認識的人都還要努力……二十幾歲時，我當過酒保、服務生，也在書店工作過。更重要的是職業道德，以及追求目標的決心。

如你們所知，我在寫前兩本書的時候，兼職三份工作。所以聽到別人說「我很想做，但沒有時間」，或是「我已經有工作了，得辭職才能來寫作」，我覺得他們只是決心不夠而已。

你會如何貫徹自己的決心呢？我曾經和兩位小姐一起用餐，她們都是線上廣告部門的銷售經理，聰明而事業有成，其中一位和我分享創業計畫，她想成立專門為特定產業規劃活動的公司。這想法聽起來不錯，但我告訴你一個秘密：人們太高估點子和想法了。與其一邊吃飯喝酒，一邊空談闊論，還不如找個還算滿意的想法，認真去實行。

43 患有亞斯伯格症的天才投資人，本是醫師，因在網上發表神準投資預測而獲得大筆資金挹注，成立了傳人避險基金。

她一分享完畢，立刻就開始挑計畫的毛病：「不過我以後想搬離紐約，所以這個事業大概很難穩定發展，而且我根本沒有服務業的經驗。」啊，我們的老朋友「恐懼」又出現了。我想要大叫：「這是開玩笑吧？你是超級銷售員耶！能在史上最競爭的環境下排除萬難，完成交易！」

我知道她曾經為了爭取三十分鐘的會面時間，一天內不辭辛勞聯絡客戶超過二十次。你覺得這樣的年輕人會沒辦法用工作時學到的能力，聯絡到適合的場地，推銷自己的想法嗎？而且我國的每個城市裡，每天都有各式各樣的活動不是嗎？於是我問她一些問題（如果你感到懷疑，也該這麼問自己）：

- 「如果你認為想法可行，那麼該如何進行？」
- 「你有什麼有利的技術？」
- 「還有沒有什麼你沒想過的進行方式？」

這三個問題讓這聰明的年輕人釐清了自己的情況，意識到：「我是個銷售員，知道要怎麼說服別人，如何推銷自己的點子。我只要好好研究一下，配合市場做一些調整就好！」

如今，她心意已定，開始踏上實現理想人生的道路。你覺得如何呢？網路行銷公司Champions Of The Web的總裁丹恩．克隆斯基創業時，靠著的就是經營網站和網路行銷等副業的收入。如他所說：「我的事業讓太太能安心在家帶孩子，也能支持我的嗜好，像是攝影和露營。長遠來說，我想要達到經濟自由，能把大部分的時間花在和家人共度上，以及為家鄉的社區營造盡一份心力。諷刺的是，我的公司已經帶給許多客戶經濟自由了。是時候為自己努力了！」

如果能為自己的工作、收入和人生負起全責，你會得到更多自信。我很驚訝很多人不認為自己工作時學到的技能能夠發展成副業。我要告訴你，工作上學到的許多事其實很有價值，能發揮在不同的地方。

更別提副業能讓你在面對正職時，有更多的轉圜餘地。丹恩指出：「你的收入再也沒有限制，你的視野亦然。如果你對工作有什麼不滿，就叫他們閃一邊去，過好自己的生活。」

副業也讓你在職場更有價值，假如公司知道你的副業收入比薪水更高，你就能站在權力關係中更有利的地位。他們需要你，而你不需要他們，所以更容易開口要求特殊待遇、多一點休假、加薪等等。副業讓我和上司溝通時更有信心，反而改善了我們之間的關係。一旦改善了人生的某個面向，其他面向一定也會跟著好轉的！

如果你還沒看過《牧羊少年奇幻之旅》，讓我分享書中的重要觀點：所有的事都息息相關。換句話說，沒有所謂單一事件、單一的能力或經驗，我們的任何經歷都會對未來有所助益。即使是過去工作中無趣的部分（對我來說是輸入資料和使用Excel表單計算收益），都可能讓我們學到許多，甚至應用在新的事業中。

所有的事都息息相關，所以你可以利用機會，學習新的技能，會讓未來的事業發展更有彈性。

你或許有很棒的手機app設計靈感，卻因為害怕寫程式而猶豫？去參加網路上免費的課程，你將不只獲得開發數位產品的能力，更能在履歷表上加入新的專業，擁有更全方位的發展。你新學習的程式設計能力搞不好會帶來升遷機會，進入新的部門。無論如何，你都會變得更搶手、更有信心，不再因為困難而退縮。「我不知道怎麼做」永遠不該是理由，如果別人做得到，你一定也能學得會！

副業的其中一個面向，就是不斷學習精進，準備好面對任何機會或挑戰。否則，你將會漸漸失去對生命的熱情，事業發展也會因此停滯。

你有什麼好失去的？你還保有工作，房租也付得出來，薪水足以維持生活。就像NatureMapr的執行長亞倫．克勞森所說：「斜槓創業能降低你的風險。你不需要接受外部投資，而且可以用自己的方法來做。你就是自己的老闆。」

副業實際的好處包含：

- 決定自己的工時。這對父母、照顧者、旅行愛好者來說格外吸引人。能掌握自己每週、每月、每年的時間，聽起來不錯吧？除了自己之外，對身邊的人也有幫助，例如你可以利用孩子午睡或上安親班的時間，每個下午工作三個小時。

● 有了額外的收入，你就有機會負擔房貸、車貸，或為了特定的目標存點錢。如果每個月能多出一筆收入，想想你可以為自己或家庭做點什麼？

● 增加自己的專業能力，讓你將來找工作時條件更好。副業能讓你在不同的領域試試水溫，幫助你朝新的職涯發展。一旦你有足夠的現金收入，就有能力離開壞老闆，準備邁出新的一步。

● 讓你在面對裁員或失業時有所緩衝。如果你在今年、明年或往後五年間遇到麻煩，新的現金收入和技術能帶給你怎樣的自由和機會呢？

不管你把流行的影集看過幾次，對你的長遠目標都不會有幫助，還是得努力工作，所以現在就開始吧！朝額外收入發展，訂定收入的目標，為自己負起責任。這意味著該討論細節了：你打算什麼時候找到第一位客戶？副業的收入能幫你負擔多少支出呢？

在財務方面設定具體的標竿，能讓你專注在目標上。為每個里程碑都設定時間表，記錄自己的進度，準備好了嗎？

OVER to YOU

輪到你了！

請再次問問自己這些和副業有關的問題：

- 我一週可以投入幾個小時創業？
- 我有哪些人脈可以利用，有什麼人能幫我的事業更上一層？
- 我每個月的收入應該達到多少，才能取代薪水和福利？
- 我的哪些技術對副業會有幫助？
- 我的副業是否能以意想不到的形式成功？

15

我們擁有無限的可能性

「你會成為自己所相信的模樣。如果不斷告訴自己做不到什麼，或許真的會永遠辦不到；相反的，如果相信自己可以，就算一開始辦不到，最終也一定能獲得足夠的能力。」

——聖雄甘地

「如果沒有想像力的躍進或夢想，就會失去讓人振奮的可能性。畢竟，夢想也只是計畫的一種形式而已。」

——葛洛利雅．史坦能[44]

告訴你一個不是人人都知道的秘密：如果你朝夢想前進，充滿動力而積極採取行動，那麼天地會幫你出一半的力。史蒂芬．普雷斯菲爾德在《戰勝自己，成就自己》（Do the Work）中將這樣的幫助稱為「助力」（assistance），這是再真實不過的。你或許在其他地方讀過類似的想法，例如正向思考或吸引

44　Gloria Steinem，美國女權主義者，2013年獲得歐巴馬的總統自由勳章，創辦《Ms.》雜誌。

力法則，但無論名稱為何，帶來的好處都是一樣的。我們的人生或許會面對許多真實的考驗，但這些理論強調態度的重要性。

為了鼓勵你追求夢想，我想分享自己的經歷，關於「助力」如何不只一次幫助了我，關鍵是你必須放開心胸才能看見。2012年六月，我對自己的工作感到有點無聊和不安，卻還沒開始發展副業。我還不知道原來可以主動出擊，也不確定該怎麼開始，又能做些什麼。我很害怕如果上司發現我沒有百分之百專注在銷售業務，會感到不滿。（好消息是，越來越多公司不在乎這個。除非你的合約特別嚴苛，很多僱主其實支持員工追求工作以外的創意發展。）

當時，我在一間新創公司工作，其中一位合夥人突然來找我，想提供一個機會。他問我想不想在華盛頓特區待到年底，看能不能獲得一些政治宣傳的收益。時至今日，我還是不確定他為什麼問我，但我傾向相信是他認為我勇於嘗試新挑戰，能達成目標。

這項任務和我以前所做的事截然不同，身為土生土長的英國人，我對於美國的政治體系絲毫不了解，完全一無所知。我只知道歐巴馬要再次參選，連他共和黨的對手是誰都不確定！因此，我不只密集惡補美國的政治，更瘋狂地收看CNN新聞，拚命讀政治新聞網站，想彌補自己知識上的不足。

接著，從七月到十一月，我大部分的時間都待在華盛頓特區，向政治行動委員會和廣告公司推銷競選影片。我的新職稱是「政治銷售經理」，白宮對面的W飯店成了我第二個家。當地的計程車司機都認得我了，有一次我提著小公事包、一邊講電話一邊衝上車時，那位司機主動問我：「回W飯店對吧？」他知道我的目的地，著實讓我嚇了一跳。

我努力工作，拚命想打進複雜而難以進入的市場。有天晚上，為了配合兩個客戶的行程，我甚至連續吃了兩頓牛排晚餐，一頓是晚上六點半，另一頓是九點。

我的上司說，如果能獲得五十萬的廣告收益，他就會喜出望外了。到2012年十一月三號，西岸最後一個投票所關閉時，我賺了將近三百萬美元。這個故事告訴我們什麼？我應該發揮天分，成為政治專家嗎？不。我在華盛頓找到自己的天職嗎？絕對不是。真正的教訓是：我們不需要滿足別人先入為主的看法，或是凡事遵循別人的指示，也能達到偉大的成就。

我沒有政治方面的背景，甚至連美國公民都不是。這是我第一次做媒體競選相關的行銷，除了相信自己，秉持毫不動搖的職業道德之外，我實在沒什麼理由會成功。就像明迪．卡琳說的：「我為什麼不行呢？」

這次成功的經驗（以及隨之而來的豐厚獎金，又學到一課：永遠可以要求更多）告訴我，只要真心相信，全力發揮，就能在很短的時間內做到很多。而我這輩子完成的最大一筆交易（大約八十萬美元），來自新結識的人脈提供的微乎其微的機會。當時我在趕回紐約前，擠出時間和一間從沒聽過的小公司開會，因為我覺得自己非去不可。

這不是我費盡苦心安排到的會議，卻像老天為了獎勵我的努力和付出，而給的暗示與祝福。當你開始忙碌，老天（總是難以預測，卻比你想像得更熱情）就會助你一臂之力，甚至還要更多。然而，我們通常不會給老天機會，太快放棄，或甚至連開始都不願意。

當我完成這筆鉅額交易時，老闆為整間紐約辦公室的人都買了香檳，還把我開瓶的照片寄給全公司。這種感覺超棒，我簡直是萬眾矚目的焦點。那一年，我在公司的年度派對中獲得表揚，全球團隊只有五位受獎者。好笑的是，當時我人和丈夫在外地度假，根本無法出席領獎。我覺得自己像個大明星，忙著拍片或在世界遙遠的角落做大事，沒辦法出席ＭＴＶ音樂錄影帶獎的頒獎典禮。

還有一次，老天在我和丈夫希斯最需要的時候，對我們伸出援手。希斯是我們留在美國的原因，公司在他二十三歲時把他調到紐約，而他替我們都申請到綠卡。辦過綠卡手續的人都知道，過程非常漫長繁複。

我們都很想住在美國，所以希斯透過公司的協助（以及老天的大力幫忙）弄到了綠卡。在公司待了七年後，他決定要找更符合長遠目標的新工作。這些年來，他為了我們付出許多，而在競爭激烈的市場找工作真的令人心力交瘁。況且，在澳洲公司的職場文化中待了七年，要換到美國的大公司確實有些不安，但老天爺再次拉了我們一把。

我到邁阿密出差，行程因為客戶的規劃而改期了兩次，最後選定入住總督酒店。希斯決定來找我共度週末，我們便約在飯店吃晚餐。等待時，我先到吧檯喝一杯，鄰座男子的餐點剛好上桌，看起來非常美味。我問他點了什麼，兩人開始討論起菜單來。

希斯抵達的時候，我和男子正在閒聊，也分享了彼此的背景，後來發現他竟然是希斯很想進的公司的董事總經理！兩個星期之後，希斯就因為這樣的機緣巧合被錄用了，真可說是天助我也！

認真回想，日期、飯店、到吧檯的時間點、開放式的座位，這種種的條件都是為了幫助我丈夫達成目標。這是單純運氣好嗎？我不覺得。或許我們無法理解，但冥冥之中一定有股偉大的力量在運作。

再來是最後一個接受老天幫助的故事：我在2014年十二月辭掉工作，這是個重大而恐怖的決定，但累積了將近十八個月的副業工作經驗（每個月平均多四千元的收入），我已經很累了，又和上司處得不太好。

我們才剛搬進新的公寓，而我覺得時機已經成熟，可以轉換跑道，全心為自己努力了。雖然很害怕，但我覺得其實也別無選擇，這是我展現信心的大好機會，親身實踐自己所教導的內容，並且承擔隨之而來的風險。畢竟，當我需要提振士氣時，總會問自己：「嘿，假如成功了呢？」

全職投入副業的第一個月真的很辛苦，當時正值冬天，希斯每天早上六點就離家上班，而我總是覺得孤單，為自己的自私充滿罪惡感。我盡量讓自己忙於寫作和安排新客戶，但離開待了超過十年的企業工作，適應這樣的轉變並不容易。

我沒有其他創業家朋友，認識的人整天都在工作，而我在做什麼呢？雖然聽起來有點蠢，但看著滿衣櫃的正式服裝和高跟鞋，我覺得自己再也用不到這些能帶來自信的東西。我充滿恐懼和不確定，常常自我懷疑，我做的選擇對嗎？住在全世界物價最高的城市之一，卻放棄了大企業的高薪工作，有一部分的我也不相信這個決定。這麼做很愚蠢嗎？

我回英國探望母親，回美國時感到既傷心又害怕。本來應該是令人振奮的起步，但如此巨大的生活轉變很艱難，我沒辦法粉飾太平。

黑暗時期延續了一個月左右，我仍然依照慣例更新LinkedIn的資訊，告訴潛在的僱主我對全職工作不感興趣，但過程中卻覺得沉重而不確定。接著我靈機一動：會有人考慮僱用我當創業的顧問嗎？

我可以好好包裝自己成長顧問的技術、銷售的專業和商場上的經驗，向矽谷新創公司的管理高層提供建議和諮詢。（華盛頓特區到處都是顧問，我已經學會他們的工作內容和方式。）

前兩個聽我分享想法的人都約我喝咖啡，想僱用我當他們公司的顧問。我不敢相信自己的好運，感謝老天！

我說這些的目的不是炫耀，而是想告訴你：只要常保主動、包容、開放的態度，周遭的機會遠遠超出我們的想像。即使你很內向也沒關係，要記得我們活在最好的時代，網路是你最好的朋友。你可以在任何時間、任何地方，和任何人對話，可以舒服地坐在沙發上，不用面對任何人，甚至不用真的張開嘴。我在臉書的創業家群組裡有來自各地的朋友，有時也與他們合作，但很可能永遠不會碰面，甚至不曾透過Skype說過話。

我們要時常挑戰自己所認定的可能性。在Instagram照片留下評論或傳推特訊息給你喜歡的名人並不難，而時間一久，他們就會慢慢認識你！所以不要害怕，這些只是社群網站而已，你永遠不會知道能從中獲得什麼。選擇適合自己的方式，不要覺得毫無機會！

自我懷疑的時候，更要謹慎對待自己的思緒，想想你為什麼一定會成功。我的手機裡仍然有一張清單，告訴自己為什麼無論在哪個階段，都可能達成目標，其中包括隨時願意僱用我的貴人（讓我有備案，以防萬一）、互動熱絡的社群網友，以及支持我的丈夫與好友。

孩提時代起，我就對心理勵志書籍非常著迷，而母親會和我一起在二手書店挖寶，尋找打折的好書。如今，我成了心理勵志書籍的作者。

所以你還覺得時間不夠嗎？立刻開始吧！不確定熱情在哪？還是動手吧！自我懷疑？動手吧！我懂你的感覺，但把所有的懷疑、恐懼和不安暫時放到一邊，問問自己：「如果成功了呢？」

然後做好夢想成真的準備。

為什麼要發展副業？

你真的想知道原因嗎？

不是為了錢，不是為了當董事長，不是為了盡情揮灑創意，也不是為了有朝一日可以遞出辭呈。

而是因為你必須這麼做。

因為你夠好，因為你很重要，也因為你能對世界有所貢獻。

我可以提供很多技巧和訣竅，幫你省去一些挫折，讓你知道自己並不孤單，一個人坐在電腦前或工作室裡的時間不那麼難熬。但比起這些建議或前人的智慧，更重要的是你內在的智慧。它能推動你發揮創造力，鞭策你繼續前進，即使心情低落也不讓你放棄。

珍惜這樣的智慧，它不會有錯，而是會在關鍵時刻問你：「嘿，假如真的成功了呢？」

讓我們一起找到答案吧！

全書完。不對，是新的開始⋯⋯

Appendix

附錄

我的資源寶典

在科技業工作多年的好處之一，就是我發現許多線上的點對點市場，讓有野心的副業者或創業家能在平台上自立門戶，從照顧小狗、法律諮詢到導遊服務都有。如今，我們可以輕而易舉地把自己的產品或服務展示在數百萬潛在的客戶面前。

有很多這類的平台讓你在有收入之前，就先建立並推銷自己的事業。大部分的人都有許多興趣，所以可以同時在不同平台上進行，創造多元的副業收入來源。創業從未如此簡單過，有上百個平台可以利用，讓事業起飛，所以我們實在不應該再找藉口。

私底下是平面設計師？

在設計方面，網路上有許多機會讓你提供服務，例如網頁架設、書籍雜誌的編排、名片、包裝或招牌的設計等等。我就利用99designs網站設計了這本書的封面和內頁，並在Fiverr上找到我的網頁設計師。

● **99designs (99designs.com)**

這是相當成功的平面設計群眾外包市場，讓設計師能在讀完客戶的簡報後，提出初步的設計理念來爭取生意。客戶接著篩選出幾個設計師或設計提案，請他們進一步修改後，選出最後的贏家，根據案件內容提供數百到上千美元的報酬。其他類似的平台包含DesignCrowd (designcrowd.com) 和crowdSPRING(crowdspring.com)。

● **Fiverr (fiverr.com)**

另一個創作者的大型市場。一開始的價碼是五美元，你可以一路往上發展，透過提升品質或附加產品來提高價錢。有許多人成功靠著提供平面設計、數位行銷、寫作、翻譯、影片、動畫、音樂、音訊、廣告等服務，一個月賺進上千元。Business Insider就曾經介紹一位音樂家，在Fiverr網站接五元的配音案子，接著嘗試跨足影片剪輯，提供更多元的服務。他最後辭去了全職的工作，還清五萬元的債務，從一開始的副業，如今每個月的收入可高達2萬3000

美元！

- **Upwork (upwork.com)**

和Fiverr類似，Upwork提供市場給網路和手機程式工程師、設計師、藝術家、會計師、顧問、線上秘書、譯者和廣告文案寫手。

- **Boost Media (boostmedia.com)**

如果你的廣告文案很出色，Boost Media會是個很棒的平台。

你有自己的專業了嗎？

我的很多客戶都沒有意識到，他們其實已經是至少一個領域的專家。你的專業可能是你的職業、副業，或是其他感興趣的領域，都能用來賺錢！

擔任顧問有很多方式可以賺錢。剛轉為全職顧問時，我擔任美國格理集團（GLG）的顧問，他們付錢請我對不同的企業演講，主題是數位媒體和程序化廣告，為我帶來很棒的額外收入。

- **Gerson Lehrman Group/GLG (glg.it)**

美國紐約的專業網絡，扮演知識中介的角色，連結企業和商業領袖、科學家、學者、前公部門領導者，以及不同領域的專家。

- **Guidepoint (guidepoint.com)**

和格理集團相似，連結超過上百個領域的專家：保健、科技、財經服務、消費服務、媒體電信、能源、工業和基礎材料、法律與法規等等。類似的平台也包含：The Expert Institute (theexpertinstitute.com) 和PopExpert (popexpert.com)。

你的廚藝受歡迎嗎？

像瑪莎·史都華一樣來賺錢吧！我對這樣的概念本來很陌生，直到好友克莉絲給我上了一課。她是很棒的主持人和大廚，我才知道原來有人會付錢請陌生人到自己家裡（到別人家或指定場地也有）主持晚宴。不管你是真正的大廚、努力學習中的廚師，或只是喜歡做菜，下面這些網站都能幫助你安排菜單、時間、地點、人數和預算。如果你的夢想是開餐廳，這會是很棒的第一步！

● **Feastly (eatfeastly.com)**

我知道從家庭主婦到米其林主廚，有許多人靠著這個網站月入上千美元。

● **EatWith (eatwith.com)**

類似Feastly，EatWith網站上有超過五百人在三十個國家、一百五十座城市為人們提供晚宴服務，至今已經舉辦超過一萬場。你也能成為其中一份子。

● **BonAppetour (bonappetour.com)**

和上面兩個網站不太一樣，BonAppetour會連結旅客和在地的廚師，提供他們獨特的用餐經驗。

● **CookUnity (cookunity.us)**

大概就是藍圍裙[45]再加上Feastly的概念。CookUnity以紐約市為基地，提供廚房、頂尖的食材和包裝，並且協助你行銷和配送餐點。利用這個網站分享自家的食譜，建立你的粉絲吧！

[45] Blue Apron，美國的食品配送服務，讓人預定一週的食譜和食材。

喜歡畫畫？覺得自己是藝術家嗎？

對於積極發展的藝術家來說，網路上充滿宣傳作品、拍賣，或甚至是提供租借的機會。你可以直接和買家聯絡，不用透過裝腔作勢的藝廊主人，讓他們跟在買家的屁股後面品頭論足，看對方口袋到底深不深。我利用過許多這類型的網站，幫自己的公寓找掛畫或是適合的窗簾。

這些平台也能讓你省下開設實體店面或租賃市集攤位的錢。（我曾經在雪梨租過攤位，那是個特別寒冷的夏天，還不時飄雨。我已經付了無法退款的250元租金，只能死馬當活馬醫地照計畫營業。當天商品只賣出150元，只能說財運不佳，而且還累得半死。）

● **Etsy (etsy.com)**

相當受歡迎的全球性市場，連結網路或實體的買家，以及販售獨特商品的賣家。有超過二千四百萬的用戶在網站上活躍，是創作者的天堂，商品包含衣服、飾品、珠寶、藝術品、手工藝和居家用品。Etsy會收3.5%的手續費，但也提供工具和支援，讓你能輕鬆地推廣自己的產品。類似的網站Zibbet

（zibbet.com）也很值得一試。

● **Artsicle (artsicle.com)**

創立於2010年，是相當熱門的平台，能幫藝術家和雕刻家找到潛在的買主，又被稱為藝術界的「Zappos」[46]。Artsicle甚至會讓買主先租用藝術品，再決定是否要更新契約或購買商品，可以說體現了「先試用再購買」的理念。

● **Ravelry (ravelry.com)**

喜歡針線活或編織嗎？Ravelry能讓使用者上傳自己創作的編織圖來販售。

● **Redbubble (redbubble.com)**

連接賣方和買方的藝術市場，商品包含藝術印刷品、畫作、相框、手機殼、短袖上衣、連帽衣、賀卡、日曆等等。

● **TurningArt (turningart.com)**

很棒的平台，能讓藝術家把作品租借給公司或私人住家，租約可以不斷更新，也有機會能購買作品。

46 美國最大賣鞋網站，有獨特的企業文化和管理方式，包含花錢鼓勵員工離職以及無領導管理方式。

你是天生的照顧者嗎？

如果你擅長照顧嬰幼兒、老人或動物，有些不錯的平台可以參考。

● Care.com

對於想提供照護服務的人來說，這個網站可以一次滿足多種要求，提供了照顧嬰兒、特殊兒童、長者、寵物狗（遛狗、飼養、美容、訓練），甚至是房子的市場，一共跨足十六個國家，有一千九百萬名會員。

● DogVacay (dogvacay.com)

DogVacay在美國和加拿大都提供服務，讓狗主人與超過兩萬五千個照顧者聯繫，也會幫忙處理行政方面的事務，以及保險、付款和客服等部分，讓你可以專心照顧動物就好。

● Rover (rover.com)

也是類似的寵物服務。事實上，我在《紐約郵報》上讀到，Rover上的全職照顧者平均一個月賺３３００美元，而兼職者平均９００美元，提供幾次寵物住宿的則平均賺２５０美元。這個平台很適合作為退休人士、自由業者、家庭主婦的副業，連老師也可以在暑假的時候兼職。

● TalkSpace (talkspace.com)

TalkSpace讓治療師跟上數位時代的潮流，讓有執照的治療師透過智慧型手機或網路，和客戶對話。

很熟悉自己的城市？具備外語能力？

你有很多很棒的副業機會！我的姐妹們都住在國外，分別住在德國、義大利羅馬、馬來西亞和英國。住在德國的會說五種語言，住在義大利的已經能說流利的義大利文。雖然她們很少願意聽我談論發展副業的潛力，但也很高興自己的專業能力有市場。如果你熱愛自己的城市，具備外文能力，下面的網站或許能幫上忙！

● GetYourGuide (getyourguide.com)

你可以在自己的城市或地區當導遊賺錢！

● Vayable (vayable.com)

一句話形容這個網站：「讓在地人帶你發掘並預約獨特的體驗。」提供的選項有：羅馬美食之旅、巴黎夜間攝影導覽、舊金山街頭藝術探索、紐約東村熱門景點觀光等等，包羅萬象。你可以提出一套行程，只要通過檢核，就有機會開始賺錢了。如果你喜歡，就多列一些行程吧！

● **Verbling (verbling.com)**

根據網站的資料，他們提供三十七種語言的教學，共有八十萬語言學習者！稍微研究一下，我發現語言老師根據自己的訂價，時薪從10美元到40美元都有。Verbling最棒的地方是，你可以在網路上公告自己的開課時間表，避免浪費反覆商量的時間。

● **Verbalplanet (verbalplanet.com)**

Verbalplanet和Verbling一樣，是一對一的語言學習網站，讓你安排自己的時間和收費，而且會收到回饋。從網站上看來，四十五分鐘的課程合理的價格大約是15到25美元，有些平台上的教師已經教了上千節課。

喜歡科技或教學嗎？

無論你是全棧工程師[47]、有天分的程式工程師、有科技專長，或是單純喜歡教導自己擅長的各種主題，都有市場能發揮你的專業。

● Geekatoo (geekatoo.com)

如果你擅長安裝／維修電腦、架設網站、電腦遊戲技術支援、電視／智慧型手機／平板維修，那麼Geekatoo就可以讓你賺點外快。類似的市場還有HelloTech（hellotech.com）。

● HourlyNerd (hourlynerd.com)

這個厲害的網站將工商管理系所的學生或畢業生與企業主配對，通常學生沒有能力尋求大型諮詢公司的服務，而企業主能提供他們研究或專案計畫上的協助。HourlyNerd會抽成１４．５％，但我聽過的例子都有不錯的結果。有位女士辭掉工作，透過平台接了幾個案子以後，和一間跨國公司合作了三個星

47 也叫全端工程師，指掌握多種技能，並能獨立完成產品的人。

期，幫他們重新分析、設計財務方面的程序，賺了5萬5千美元。

● **CodeMentor (codementor.io)**

CodeMentor讓你發揮寫程式的專業，一對一幫助有需求的客戶。在平台上擔任諮詢指導者的收費至少十五分鐘10美元，有人的收費甚至遠高於此。

● **Studypool (studypool.com)**

這個平台讓學生能與教師即時通訊，已經幫助超過一百萬名學生。教師可以自行安排方便的課輔時間表，最高的收入已經超過七萬美元。

● **Wyzant (wyzant.com)**

與Studypool十分相似的平台，提供線上和實體家教，會配合學生的科目和程度安排老師。我快速查詢了一下居住地附近的微積分家教，發現費用差距很大，大學生或剛畢業的學生收費一小時50美元，而專業教師或教授每小時可以收到200美元，很多人都擁有上百個不錯的評價。

偏好面對面的工作？

並非每種副業都能透過網路攝影機或Skype來進行，但有一些不錯的平台能幫助買家與賣家先接觸，再提供實體的服務。

● **TaskRabbit（taskrabbit.com）**

你可以在這個大型的平台宣傳任何副業，從手工藝服務、代買代送、家務清潔、搬家到管理服務都有。「執行者」（Taskers）可以自己決定價錢和時間。我看了一下網站，有人一小時收10美元，有人則收到150美元。澳洲也有類似的網站Airtasker（airtasker.com），英國則是Bark（bark.com）。

● **Thumbtack（thumbtack.com）**

和TaskRabbit不太一樣，Thumbtack提供更廣泛的服務，從攝影、歌唱課程、家教、開鎖到煮菜都有。運作的方式也不太一樣，由買家先提出需求，而賣家則付一筆提名費來競標。競標過程也不會太混亂，因為平台有限制每個案子的競標人數。

你是天生的成長顧問嗎？

如果像我一樣，以成長顧問為天職，就會知道一開始要接觸、吸引新的客戶有多麼困難。幸運的是，有幾個平台能給你一些協助。

● Noomii (noomii.com)

根據網站顯示，Noomii是成長顧問和企業導師最大的線上名錄。潛在的客戶會提出自己目標，由平台安排適合的導師。在導師與客戶進行十五分鐘的免費諮詢後，可以決定是否要繼續合作下去。

● Coach.me (coach.me)

也是人生／企業導師的資料庫，會員必須支付年費，但如果你沒有透過網站介紹的生意回本，就可以要求退費。

● Udemy (udemy.com)

大型的線上教育平台，讓你在世界上任何地方教授線上課程，目前有二十萬個指導者，一千一百萬個學生，在一百九十個國家都有據點，平均每位教師的收入為８０００美元。平台提供的課程五花八門，有音樂、設計、行銷、個人發展、保健、健身、語言、準備考試、資訊科技、軟體等等。Udemy也提供實用的工具，讓你調整課程形式，以符合平台的要求。

● **CoachUp (coachup.com)**

你曾經是運動明星，在比賽中得到許多樂趣，如今想有所回饋嗎？你可以在CoachUp平台上提供服務，而平台有超過三十種運動的私人教練或團隊訓練。你可以自行決定收費和時間。我的丈夫喜歡籃球，他查詢住處附近的籃球教練，發現一堂課的收費從50美元到130美元都有。

你是值得信賴的助理嗎？

我曾經擔任人事顧問，與公司的高層合作，網羅世界級的執行助理。我可以告訴你，成為可靠的助理是需要專業技巧的，因此會是很棒的副業選項。有一些平台可以讓你昭告天下的忙人：只要付點錢，你很樂意幫他們跑腿！

● **Alfred (helloalfred.com)**

跑腿內容簡單，例如送洗衣物、日常採買、補充冰箱食材、打掃房子、裁縫、修鞋、整理信件、領處方藥、送包裹等等，一小時最多可以賺進25美元。

● **WeGoLook (wegolook.com)**

我覺得這個網站相當有意思。根據介紹，你的時薪範圍落在25到200美元不等，工作內容包含檢驗汽車、拍賣品、房地產等等。人們會付錢請你檢查後傳送照片，並且回報細節。我住芝加哥的朋友想在邁阿密投資房地產，親自搭飛機來回顯然太昂貴，這個網站就提供了不錯的解決方式（而且不像房地產經紀人那樣有所偏頗）。

我的資源庫

現在，你已經選擇了正確的副業，或許會需要一點協助來踏出第一步。我列了一些自己使用過的資源，也有一些來自朋友的正面經驗。我的建議是研究每個選項，看看哪個最適合你的生意，能幫助你達成財務上的目標。這會是個很棒的起點，繼續往下規劃吧！

網站／部落格設計平台

- WordPress

我目前的網站就是請設計師用WordPress製作的，這個平台對使用者很友善，也不會太過複雜，所以架設完畢後，你還能獨立進行一些微調（也可以靠Google幫點忙）。很多受歡迎的部落格都是WordPress的成品。

- SquareSpace
- Disqus

很實用的評論外掛工具，我在很多熱門的部落格或網站的評論區都看過這個工具，我自己的網站也有使用。

網域註冊

- GoDaddy
- Hostgator

購買網域的時候要注意，該網域是否使用共享伺服器，如果是的話，在流量增加時就會造成問題。當我的網站流量增加時，因為使用共享伺服器，速度變得很慢。於是，我只好換成虛擬專用伺服器（ＶＰＳ）。

電子郵件／客戶關係管理（ＣＲＭ）工具

- MailChimp

創業初期，我很喜歡MailChimp，因為在累積到一定的訂閱者之前，這套軟體都是免費的。

- Ontraport

生意發展出一定的規模以後，我就改用Ontraport。這個平台提供更全面的電子郵件和產品發行管理服務。然而，Ontraport並不便宜，每個月要３００美元左右。

- Infusionsoft

在尋找MailChimp的替代平台時，我一開始其實傾向Infusionsoft。之所以選定Ontraport，是覺得對我的事業比較適合。你還是要做點功課，對很多成功人士來說，Infusionsoft更適合他們。

- ConvertKit

另一個客戶關係管理的平台，值得一看。

支付處理服務

- Paypal
- Square
- Venmo

線上助理服務

- Fiverr
- Brickwork India
- YourManInIndia

創意服務

- 99designs
- Fiverr
- Vistaprint——能幫你印名片、發送派對邀請等等。

線上／電信研討會服務

- FreeConferenceCall.com
- Citrix GoToWebinar
- WebinarJam

法律方面

我會強烈建議你，在開業之前先諮詢一下律師。很多律師都提供免費的諮詢，你可以在法律架構和持續性需求方面得到許多寶貴的資訊。如果想要便宜一點的替代方案（像我創業時一樣），你可以用較能負擔的價格尋求LegalZoom這類公司的服務，幫你處理債務、稅務、地區性認證規定、註冊商標等問題。每個公司都會有自己獨特的考量，所以別像無頭蒼蠅一樣瞎忙！

會計方面

選擇真的了解你生意的會計師，可以的話找在地人推薦！好的會計師可以幫助你在符合報稅要求的情況下，得到最高的獲利。在找到適合的人選之前，我換過好幾個會計師。大約去年的時候，我也僱用了一位簿記員，可以在一個小時內處理讓我傷透腦筋的事，讓我專注在提高收益上，所以我甘願付她70美元的時薪。她也和我的會計合作密切，真的是很棒。

我最喜歡的靈感來源

光靠這本書是不夠的，多讀一點！

書籍

詹姆士．阿特切《雞窩頭下的金頭腦：給魯蛇們的31道成功啟示》
近藤麻里惠《怦然心動的人生整理魔法》
傑佛瑞．基特瑪《銷售之神的99．5個解答》
蘇珊．傑佛斯《恐懼OUT：想法改變，人生就會跟著變》
傑克．坎菲爾《成功法則》
露易絲．賀《生命愛你》（Life Loves You）
奧斯汀．克隆《點子都是偷來的》
史蒂芬．普雷斯菲爾德《戰勝自己，成就自己》
瑪麗安娜．威廉森《工作與財富的奇蹟課程》
提摩西．費里斯《一週工作4小時》

克里斯·古利博《不服從的創新》

丹妮絲·杜菲德—湯馬斯《女孩，賺大錢吧！》（Get Rich, Lucky Bitch）

或是任何激勵你的傳記！

播客節目（Podcasts）

《The James Altucher Show》

詹姆士是避險基金的經理人，也是企業家，他的《雞窩頭下的金頭腦》是我的愛書之一。

《Tara Brach》

塔拉是心理治療師和冥想老師，創立了洞察冥想中心（Insight Meditation Center）。

《The Charged Life with Brendon Burchard》

布蘭登是暢銷作家，在節目中分享勵志、成功、頂尖表現和充滿活力的訣竅。

《The RobCast with Rob Bell》

羅伯曾經是牧師，在節目上分享讓他登上歐普拉節目中SuperSoul部分的觀點。

《Being Boss Podcast》

這個節目由充滿創意的企業家社群主持，提倡「做自己生命的主人」的心態。

《This Is Your Life Podcast with Michael Hyatt》

麥克爾．海厄特是暢銷作家，他的播客主要關注國際領導。

《Magic Lessons with Elizabeth Gilbert》

伊莉莎白．吉兒伯特帶領讀者展現創意，活出更真實的自我。

《Dr. Wayne D. Dyer Podcast》

在這個節目中，戴爾博士回答聽眾的問題，說明如何面對職場、個人和人生的挑戰。

《The Tim Ferriss Show》

生產力大師提摩西．費里斯邀請投資、西洋棋、專業體育等等領域中世界級的大師來分享他們成功的工具、策略和訣竅。

感謝

我要向Greatist、Business Insider、哈芬登郵報、News.com.au和赫斯特集團致上最深的感謝，謝謝他們讓我在本書中加入已經出版的文章。

特別感謝諾拉・羅溫（Nora Rawn）、希斯・柯林斯（Heath Collins）、漢娜・泰特索（Hannah Tattersall）、洛克・修斯（Locke Hughes）、莉西亞・特倫巴斯（Rysia Trembeth）和其他出色的受訪者，讓本書順利完成。

「每個人的一生中都會有特別的一刻，你就是為了那一刻而生……只要好好把握，就會是你最輝煌璀璨的時刻。」

——前英國首相邱吉爾

國家圖書館出版品預行編目 (CIP) 資料

下班當老闆：15 個步驟教你賺更多，打造財富自由、時間自由的理想生活 / 蘇西・摩爾 (Susi Moore) 著；謝慈譯 . -- 初版 . -- 臺北市：遠流，2018.05
面；　公分
譯自：What if it does work out? : how a side hustle can change your life

ISBN 978-957-32-8246-4（平裝）
1. 創業 2. 兼職 3. 副業

494.1　　　　107004002

下班當老闆

15 個步驟教你賺更多，打造財富自由、時間自由的理想生活

作　　者：蘇西・摩爾（Susie Moore）
譯　　者：謝慈
總 編 輯：盧春旭
執行編輯：黃婉華
行銷企劃：鍾佳吟
封面設計：李涵硯
內頁排版設計：Alan Chan

發 行 人：王榮文
出版發行：遠流出版事業股份有限公司
地　　址：臺北市南昌路 2 段 81 號 6 樓
客服電話：02-2392-6899
傳　　真：02-2392-6658
郵　　撥：0189456-1
著作權顧問：蕭雄淋律師

2018 年 5 月 1 日初版一刷
定價：新台幣 320 元（如有缺頁或破損，請寄回更換）

ISBN 978-957-32-8246-4

YLib.com 遠流博識網　http://www.ylib.com
Email: ylib@ylib.com